ZEITSCHRIFT FÜR ANGEWANDTE GEOLOGIE

HERAUSGEGEBEN VOM
ZENTRALEN GEOLOGISCHEN INSTITUT
IM AUFTRAG DES
STAATSSEKRETARIATS FÜR GEOLOGIE

AUS DEM INHALT

AKADEMIE-VERLAG · BERLIN

BAND 17 / HEFT 8
AUGUST 1971
SEITE 305–352

PREIS: 6,– M
Sonderpreis DDR: 2,– M

	INHALT	СОДЕРЖАНИЕ	CONTENTS	

Die ZEITSCHRIFT FÜR ANGEWANDTE GEOLOGIE berichtet ständig über folgende Arbeitsgebiete: Geologische Grundlagenforschung und Lagerstättenforschung / Methodik der geologischen Erkundung / Ökonomie und Planung der geologischen Erkundung / Technik der geologischen Erkundung / Geologie und Lagerstättenkunde im Ausland. In der Zeitschrift können alle strittigen Fragen der praktischen Geologie behandelt werden. Die Autoren übernehmen für ihre Aufsätze die übliche Verantwortung.

ZEITSCHRIFT FÜR ANGEWANDTE GEOLOGIE

Träger der Ehrennadel in Gold der Gesellschaft für Deutsch-Sowjetische Freundschaft

KOLLEKTIVE CHEFREDAKTION

Dr. K. KAUTER (Redaktionssekretär)
Prof. Dr. F. STAMMBERGER
Dr. habil. G. TISCHENDORF

BAND 17 · AUGUST 1971 · HEFT 8

Klassifizierung geologischer Objekte nach mehreren Merkmalen auf der Grundlage eines multivariablen statistischen Homogenitätstests

GÜNTER TZSCHORN & PETER STRAACH, Berlin

(Mitteilung aus dem Zentralen Geologischen Institut, Berlin)

1. Aufgabenstellung

Eine Vielzahl von geologischen Aufgaben beinhaltet in dieser oder jener Form Fragen der Klassifizierung, die weitestgehend vom Ziel der Untersuchungsvorhaben abhängen. Daraufhin projektiert der durchführende Geologe entsprechende Untersuchungsarbeiten, die in erster Linie zur Gewinnung von Informationen über das Untersuchungsobjekt dienen. So werden z. B. bei der Diagnose von Mineralen, Gesteinen oder anderen „einfachen" geologischen Objekten entsprechende Merkmale (optische Konstanten, chemische Analysen u. a. bzw. Vollanalysen, Spurenelementbestimmungen u. a.) erarbeitet, die den Bearbeiter in die Lage versetzen, das Mineral oder das Gestein bereits bekannten Mineralen oder Gesteinen zuzuordnen, d. h. zu klassifizieren. Während diese Klassifizierung relativ einfach ist und ohne großen Aufwand vom Geologen selbst durchgeführt werden kann, wird es sich bei umfassenden Fragen recht bald herausstellen, daß der Mensch die große Menge von Informationen nicht mehr komplex, d. h. unter Berücksichtigung des statistischen Charakters einzelner Merkmale untereinander, verarbeiten kann. Die Wissenschaftler sind deshalb gezwungen, die vorhandenen Merkmale (Informationen) wieder in Gruppen, z. B. geochemische, lithologische, geophysikalische u. a., aufzuspalten (d. h. nach Art der Datengewinnung zu klassifizieren), um das vorhandene Zahlenmaterial überschaubar zu machen. Dabei stehen die Bindungen zwischen den Merkmalskomplexen vorerst außerhalb der Betrachtung. Sie verdienen eine gesonderte Behandlung, die über den Rahmen dieser Arbeit hinausginge. Dem Zweck der Klassifizierung dienen auch die in der Geologie häufig verwendeten graphischen Darstellungen (Diagramme, Skizzen, Karten u. ä.). Abgesehen von einfachen Klassifizierungen, wie z. B. magmatischen und sedimentären Gesteinskomplexen, ist die Klassifizierungsfrage zu einem Zentralproblem in den geologischen Wissenschaften herangereift, besonders, seitdem eine Klassifizierung unter genetischen Gesichtspunkten als Grundlage für Erkennungsprozesse dient.

Bei solchen nur komplex zu lösenden Aufgaben kommt der Klassifizierung eine ausschlaggebende Rolle zu (Untersuchung von perspektivischen und nichtperspektivischen Gebieten auf einen bestimmten Rohstoff, Bestimmung von höffigen und sehr höffigen Räumen usw.). Durch den statistischen Charakter der geologischen Daten wird die Klassifizierung zusätzlich kompliziert.

Mit der Einführung mathematischer Methoden und der EDV in die geologischen Wissenschaften wird versucht, Klassifizierungen von geologischen Objekten durchzuführen. Besonders wertvoll sind auf dem Sektor der Mathematik in der Geologie die Erfahrungen und Untersuchungsergebnisse sowjetischer Wissenschaftler, die im letzten Jahrzehnt umfangreiche Arbeiten zu diesem Problem ausgeführt haben. Dabei werden verschiedene mathematische Verfahren in Anwendung gebracht, so z. B. die mathematische Statistik mehrdimensionaler Größen, die Spieltheorie, die Informationstheorie, die Wahrscheinlichkeitsrechnung, die Methoden der diskreten Analyse u. a. mehr.

Die vorliegenden Methoden zur Klassifizierung geologischer Objekte nach mehreren Merkmalen (RODIONOW 1968) beruhen auf der Anwendung mathematisch-statistischer Verfahren mehrdimensionaler Größen und stellen demnach nur eine der möglichen Varianten zur Klassifizierung der geologischen Objekte dar. Die Programme stellen einen ersten Versuch in den geologischen Wissenschaften dar, Klassifizierungen auf der Grundlage einer komplexen Verarbeitung von Informationen mit mathematischen Methoden durchzuführen.

Das Klassifizierungsverfahren hat einen „starren" Algorithmus zur Grundlage, d. h., die Klassifizierungsvorschrift wird durch eine bestimmte Formel vorgegeben und nicht auf Grund des Zahlenmaterials durch den Automaten selbst aufgestellt. Der Algorithmus ist also kein Lernalgorithmus und besitzt auch nicht die Fähigkeit, unter neuen Situationen wesentliche Er-

Eingang des Manuskripts in der Redaktion: 21. 1. 1971.

eignisse von unwesentlichen zu trennen bzw. neue Gesetzmäßigkeiten aufzufinden.

Die Voraussetzungen zur Anwendung statistischer Klassifizierungsverfahren sind sehr allgemein gehalten und beinhalten die Forderung, daß die Merkmale, nach denen klassifiziert werden soll, in jedem Probenahmepunkt einer Normalverteilung untergeordnet werden können. Das bedeutet, daß — würde man in jedem Probenahmepunkt viele Einzelproben entnehmen und auf entsprechende Merkmale untersuchen — diese Merkmale einer Normalverteilung angepaßt werden könnten.

Die angewandten Algorithmen sind z. T. voneinander abhängig, z. T. können sie unabhängig von anderen Algorithmen zur Lösung entsprechender Klassifizierungsprobleme verwendet werden. Die Klassifizierungsalgorithmen wurden in Abhängigkeit von den geologischen Aufgaben und von der Struktur der vorhandenen (und untersuchten) Proben aufgebaut.

Der erste Klassifizierungsalgorithmus gestattet die Bearbeitung von Probenserien mit einem linearen Ordnungselement, z. B. von Proben, die der Teufe nach geordnet sind, oder nach steigenden (oder sinkenden) Gehalten eines Merkmals u. a.

Als Ergebnis der Klassifizierung erhält man in sich homogene Klassen, die, statistisch betrachtet, nicht weiter zu untergliedern sind. Die Anzahl der entstehenden Klassen hängt im wesentlichen von zwei Faktoren ab. Der erste beinhaltet das Verhalten des Merkmals im Bereich der Klassifizierung. Es wird gekennzeichnet durch die absoluten Merkmalsunterschiede von Probe zu Probe und durch seine Gleichmäßigkeit in der Verteilung (also Abhängigkeiten zwischen Mittelwert und Streuung). Der zweite Faktor ist die Anzahl der zur Klassifizierung verwendeten Merkmale. Je mehr Merkmale in die Klassifizierung einbezogen werden, desto mehr Klassen können entstehen (wobei natürlich wiederum der erste Faktor Einfluß ausübt), d. h., desto feiner kann klassifiziert werden.

Im zweiten Klassifizierungsalgorithmus werden Klassen ohne eine vorgegebene Reihenfolge miteinander verglichen. Das heißt, daß innerhalb einer Bohrung z. B. gleiche (hinsichtlich der untersuchten Merkmale) Schichten herausgefunden werden können, die Auskunft über Sedimentationsrhythmen, überkippte oder gestörte Lagerung der Schichtenfolgen u. ä. geben können. Werden in der geologischen Bearbeitung die im ersten Algorithmus aufgefundenen Klassen, z. B. bei der Untersuchung von geochemischen Profilen, verknüpft, kann man mittels des zweiten Algorithmus auch eine flächenmäßige Klassifizierung durchführen.

Sind aus irgendwelchen Gründen die vorhandenen Proben nicht linear zu klassifizieren, z. B. bei unregelmäßig über eine bestimmte Fläche oder in einem Raum verteilte Proben, so kann jede Einzelprobe als eine Klasse aufgefaßt und die Zuordnung der Einzelproben getroffen werden.

Wir können im zweiten Klassifizierungsalgorithmus ungeordnete Mengen klassifizieren, die jedoch bei mehr als 100 Klassen (Proben) z. Z. noch großen Rechenaufwand erfordern (gerätetechnisch bedingt).

Der dritte Klassifizierungsalgorithmus ist speziell für Profilvergleiche zur Auffindung gleicher Klassen in benachbarten Profilen aufgebaut worden. Durch ihn wird eine stratigraphische Korrelation ermöglicht. Aus der Aufgabenstellung geht hervor, daß nur jeweils zwei Klassen (mit dem ersten Algorithmus ermittelt) vereinigt werden dürfen. Die geologische Aussage beinhaltet die Möglichkeit, gleichartig aufgebaute Schichten (in bezug auf die untersuchten Merkmale) statistisch gesichert zu erkennen und somit auch, z. B. in Profilen, miteinander zu verbinden.

Häufig wird, besonders bei Bohrlochgliederungen, die Frage auftreten, ob die gefundenen Klassengrenzen gleichwertig sind oder ob sie Unterschiede hinsichtlich ihrer Bedeutung aufweisen; mit anderen Worten, ob in der Bohrung Schichtenfolgen auftreten, die weiter in Schichten aufgegliedert sind. Zur Beantwortung dieser Frage wurde ein vierter Algorithmus erarbeitet, der im Anschluß an den ersten benutzt werden kann. Als Ergebnis erhält man eine Aussage über die Wichtigkeit der vorhandenen Grenzen. Man ist somit in der Lage, eine Grenzhierarchie aufzustellen.

Der Komplex der hier vorgelegten Klassifizierungsalgorithmen gestattet, eine Vielzahl von geologischen Problemen auf völlig neue und qualitativ höhere Art zu behandeln. Der Vorteil der genannten Algorithmen besteht darin, daß zur Klassifizierung Merkmale unterschiedlicher Art (z. B. geochemische, petrographische, geophysikalische, paläontologische u. a.) im Komplex herangezogen werden, wobei die Gesamtanzahl der Merkmale recht groß sein kann.

Die Autoren sind sich darüber im klaren, daß mit den kurz skizzierten Anwendungsmöglichkeiten bei weitem nicht alle Probleme, bei denen Klassifizierungen eine Rolle spielen, erschöpft sind.

Prinzipielle Schwierigkeiten entstehen, wenn diskrete Merkmale (z. B. die geologisch-tektonische Position geologischer Objekte) zur Klassifizierung verwendet werden sollen. Die Erarbeitung spezieller und gleichzeitig allgemeinerer Algorithmen, die Methoden der Erkennung von Arten verwenden, wird eine der Möglichkeiten sein, die Interpretation geologischer Sachverhalte objektiver zu gestalten.

2. Mathematisches Modell

Das Modell, das unseren Betrachtungen zugrunde gelegt wurde, ist ein multivariabler statistischer Homogenitätstest, d. h. ein Test auf Homogenität eines Objekts anhand einer vorgegebenen Anzahl von Merkmalen.

Um eine entsprechende Testgröße zu finden, ist es notwendig, ein mathematisches Modell eines homogenen bzw. inhomogenen geologischen Objekts aufzustellen. Geologische Objekte sind dadurch gekennzeichnet, daß in jedem betrachteten Punkt die Werte für beliebige Merkmale im allgemeinen zufällige Größen sind, d. h., daß sie nicht exakt voraussagbar sind. Folglich liegt in Anlehnung an die Wahrscheinlichkeitsrechnung die Annahme nahe, daß in jedem Punkt des Objekts eine Zufallsfunktion der einzelnen Merkmale definiert ist. Wir nehmen jetzt an, daß uns genau M Merkmale des geologischen Objekts interessieren und damit in unsere Betrachtungen einbezogen werden. Aus diesen Überlegungen heraus ergibt sich folgende Definition eines geologischen Objekts:

Unter einem geologischen Objekt verstehen wir einen Raum T von Punkten t, in dem in jedem Punkt eine M-dimensionale Zufallsfunktion

$$\Xi_t = \{\xi_{t1}, \xi_{t2}, \ldots, \xi_{tM}\}$$

definiert ist.

Zur Definition des homogenen bzw. inhomogenen Objekts stellen wir uns vor, daß der Raum T beliebig in durchschnittsfremde Teilmengen, deren Summe gleich dem Raum T ist, zerlegt wird. Wenn wir eine solche Unterteilung des Raumes T mit U und die Menge aller Unterteilungen mit $\mathfrak{U}$ bezeichnen, kann man definieren:

Ein geologisches Objekt ist homogen, wenn für jede Unterteilung $U \in \mathfrak{U}$[1]) und für zwei beliebige Teilmengen $T_1 \in U$ und $T_2 \in U$ des Raums T folgende Beziehung gilt:

$$E\Xi_{T_1} - E\Xi_{T_2} = \{0, 0, \ldots, 0\}$$

wobei $E\Xi_{T_i}$ der Vektor der Erwartungswerte der Zufallsfunktion Ξ_t auf der Menge T_i ist.

Ein geologisches Objekt ist also homogen, wenn die Erwartungswerte jedes Merkmals in beliebigen Untermengen des Objekts gleich sind.

Analog ist ein geologisches Objekt inhomogen, wenn

$$E\Xi_{T_1} - E\Xi_{T_2} \neq \{0, 0, \ldots, 0\}$$

ist.

Nach diesen Definitionen wollen wir versuchen, ein Modell herzuleiten, das uns gestattet, ein geologisches Objekt auf Homogenität zu testen. Dazu stellen wir, wie das in der Statistik üblich ist, folgende Hypothesen (H_0 — Nullhypothese, H_1 — Alternativhypothese) auf:

H_0: Das untersuchte geologische Objekt ist homogen.

H_1: Das untersuchte geologische Objekt ist inhomogen.

Es gilt jetzt eine Testregel zu finden, mit deren Hilfe es möglich ist, für jedes konkrete Beispiel eines untersuchten Objekts anzugeben, ob es auf Grund des Datenmaterials als homogen oder inhomogen angenommen werden muß. Dazu setzen wir voraus, daß uns von dem zu untersuchenden Objekt N Proben (d. h. also Realisierungen der Zufallsgrößen Ξ_t in N Punkten $t_1, t_2, \ldots, t_N$) vorliegen. Wir erhalten damit N Proben mit je M bestimmten Merkmalswerten. Diese N Proben kann man sich als N Punkte in einem M-dimensionalen Raum vorstellen. Wir bezeichnen die Probe i mit $x_i = \{x_{i1}, x_{i2}, \ldots, x_{iM}\}$.

Folglich besteht unser Raum T nur noch aus N Elementen. Wenn wir jetzt annehmen, daß die Zufallsfunktion Ξ_t in jedem Punkt normal verteilt ist, läßt sich mit Hilfe der Maximum-Likehood-Methode für zwei beliebige Untermengen $T_1 \subset T$[2]) und $T_2 \subset T$ mit $T_1 \cap T_2 = \emptyset$[3]) folgende Testgröße zur Prüfung der Nullhypothese gegen die Alternativhypothese ableiten, wenn wir mit N_1 bzw. N_2 die Anzahl der Proben in den Teilmengen T_1 und T_2 bezeichnen:

$$v(T_1, T_2) = \frac{N_1 + N_2 - 1}{N_1 \cdot N_2(N_1 + N_2)} \times \sum_{i=1}^{M} \frac{[N_2 \sum_{t \in T_1} x_{ti} - N_1 \sum_{t \in T_2} x_{ti}]^2}{\sum_{t \in T_1 \cup T_2} x_{ti}^2 - \frac{1}{N_1 + N_2} (\sum_{t \in T_1 \cup T_2} x_{ti})^2}$$

Es läßt sich unter der Voraussetzung, daß die Nullhypothese richtig ist, beweisen, daß $v(T_1, T_2)$ χ^2 — verteilt ist mit M Freiheitsgraden. Folglich wird die Nullhypothese immer dann angenommen und die Alternativhypothese abgelehnt, wenn $v(T_1, T_2) < \chi^2_{(M,\alpha)}$ ist.

Im entgegengesetzten Fall wird die Nullhypothese abgelehnt und die Alternativhypothese angenommen. $\chi^2_{(M,\alpha)}$ bezeichnet dabei den theoretischen χ^2-Wert mit M Freiheitsgraden und einem vorgegebenen Signifikanzniveau α.

Damit haben wir eine effektive Testregel gefunden, die bei vorgegebener Unterteilung des Raums T eine Prüfung der Hypothesen zuläßt. Schwierigkeiten bereitet jedoch die Auswahl der Unterteilungen. Aus diesem Grunde beschränken wir uns nur auf eine Unterteilung des Objekts T in 2 nichtleere Teilmengen T_1 und T_2, und zwar so, daß immer $T = T_1 \cup T_2$ und $T_1 \cap T_2 = \emptyset$ ist, d. h., daß die Summe von T_1 und T_2 T ergibt und T_1 und T_2 durchschnittsfremd sind. In diesem Falle beträgt die Anzahl aller möglichen Unterteilungen $2^{N-1} - 1$.

Daraus folgt, daß zum Test eines Objekts auf Homogenität eine gewaltige Anzahl Rechenoperationen benötigt wird, die selbst für schnelle Rechner lange Rechenzeiten beanspruchen. Wesentlich weniger Möglichkeiten gibt es jedoch, wenn man voraussetzt, daß der betrachtete Raum linear geordnet ist. Ein Raum T heißt linear geordnet, wenn für beliebige zwei Elemente $t_1 \in T$ und $t_2 \in T$ feststeht, welches Element nach welchem folgt.

In einem geordneten Raum liegt also die Reihenfolge der Elemente fest. Diese Ordnung kann nach einem beliebigen Prinzip (z. B. nach der räumlichen Anordnung) erfolgen. Als Beispiel seien hier nur Bohrungen oder Profile angeführt. In diesem Falle ist eine Unterteilung des Raums nur durch eine Grenze zwischen zwei Punkten (Proben) möglich, d. h., wir erhalten nur $N - 1$ mögliche Unterteilungen.

3. Kurzbeschreibung der abgeleiteten Algorithmen

Auf der Grundlage des angegebenen Homogenitätstests eines geologischen Objekts ist es möglich, verschiedene Klassifikationsmethoden aufzubauen, die bestimmte geologische Fragen statistisch lösen. Wir geben hier vier Methoden an.

Erster Algorithmus: Klassifizierung eines linear geordneten geologischen Objekts (Raums)

Wir nehmen an, daß N Proben eines linear geordneten Objekts vorliegen. Wir teilen die Menge der Proben durch eine Grenzziehung zwischen zwei Proben in

[1]) $U \in \mathfrak{U}$ bedeutet, daß U ein Element der Menge $\mathfrak{U}$ ist.

[2]) $T_1 \subset T$ bedeutet, daß T_1 eine Teilmenge der Menge T ist.

[3]) $T_1 \cap T_2 = \emptyset$ bedeutet, daß der Durchschnitt ($\cap$) der Mengen T_1 und T_2 leer ($\emptyset$) ist.

zwei Untermengen ein. Wie schon gesagt, gibt es genau $N-1$ Möglichkeiten dieser Unterteilung. Für jede einzelne Unterteilung U_i $(i = 1, 2 \ldots, N-1)$ berechnen wir die Testgröße $v_i = v(U_i)$[4]) nach der obenangegebenen Formel. Danach suchen wir unter allen v_i das Maximum:

$$v_{max} = \max_{1 \leq i \leq N-1} v_i$$

Es läßt sich leicht zeigen, daß die weitere Untersuchung von v_{max} ausreichend ist. Wenn nämlich $v_{max} < \chi^2_{(M,\alpha)}$ ist, so kann statistisch gesichert angenommen werden, daß das Objekt homogen ist und deshalb nicht weiter untergliedert zu werden braucht. Ist jedoch $v_{max} \geqq \chi^2_{(M,\alpha)}$, so muß die Hypothese, daß das Objekt homogen ist, abgelehnt werden. An der Stelle, die dem Wert v_{max} entspricht, teilen wir auf Grund der statistisch nachgewiesenen Inhomogenität das untersuchte Objekt in zwei Klassen. Es ist verständlich, daß man die Grenze gerade an dieser Stelle zieht; denn der Maximalwert unserer Testgröße läßt auf maximale Abweichung der Mittelwerte der Merkmale pro Teilmenge schließen. Die beiden erhaltenen Klassen des Objekts kann man jetzt jede für sich erneut als zu untersuchende Menge betrachten und die obenangeführte Methode der Zerlegung einer Menge in zwei Klassen auf jede Menge anwenden. Damit zerlegen wir unser Objekt in K Klassen so lange, bis jede einzelne Klasse als homogen angenommen werden kann und jeweils zwei benachbarte Klassen zusammengefaßt inhomogen sind. Damit ist unsere erste Aufgabe gelöst.

Zweiter Algorithmus: Klassifizierung ungeordneter homogener Klassen

Nach vollzogener Klassifizierung eines oder mehrerer linear geordneter Objekte kann ebenfalls die statistische Testgröße v dazu benutzt werden, um die Frage zu beantworten, ob man, ungeachtet der Reihenfolge der homogenen Klassen, gewisse Klassen zu homogenen Klassengruppen vereinigen kann. Dazu werden für alle Kombinationen jeweils zweier homogener Klassen T_i und T_j die Testgrößen v_{ij} berechnet. Unter allen v_{ij} suchen wir das Minimum:

$$v_{min} = \min_{i<j} v_{ij}$$

Wenn $v_{min} < \chi^2_{(M,\alpha)}$, so können die beiden dem Minimum entsprechenden Klassen T_i und T_j zu einer homogenen Klassengruppe vereinigt werden. Ist jedoch $v_{min} \geqq \chi^2_{(M,\alpha)}$, so ist eine weitere Zusammenfassung von Klassen zu Klassengruppen nicht mehr möglich. Wir fassen also so lange Klassen zu Klassengruppen zusammen, bis v_{min} keine weitere Zusammenlegung zuläßt. Wir erhalten als Ergebnis L Klassengruppen, die alle in sich homogen und zusammen mit jeder anderen Klassengruppe inhomogen sind.

Dritter Algorithmus: Statistisches Modell einer stratigraphischen Korrelation[5]) mit Hilfe des Homogenitätstests

Mit Hilfe des obenangegebenen Homogenitätstests ist es möglich, ein statistisches Modell einer stratigraphischen Korrelation zu entwickeln. Dazu setzen wir voraus, daß I Bohrungen, deren räumliche Anordnung bekannt und festgesetzt ist, mit der Methode der Klassifizierung linear geordneter Mengen in einzelne homogene Klassen eingeteilt sind. Unsere Aufgabe besteht darin, die Klassen jeweils zweier benachbarter Bohrungen so einander zuzuordnen, daß die Klassen der beiden Bohrungen miteinander verbunden werden, deren Testgröße v am geringsten ist. Dazu nehmen wir an, daß die Bohrungen B_i und B_{i+1} aus K_i bzw. K_{i+1} homogenen Klassen T_j^i bzw. T_l^{i+1} bestehen. Wir berechnen für $1 \leqq j \leqq K_i$ und $1 \leqq l \leqq K_{i+1}$ die Testgrößen

$$v_{jl} = v(T_j^i, T_l^{i+1})$$

Es steht fest, daß wir somit eine Matrix aus K_i-Zeilen und K_{i+1}-Spalten erhalten. In dieser Matrix suchen wir das Minimum der Werte v_{jl}.

$$v_{min} = \min_{\substack{1 \leq j \leq K_i \\ 1 \leq l \leq K_{i+1}}} v_{jl}$$

Wenn $v_{min} \geqq \chi^2_{(M,\alpha)}$ ist, so ist eine stratigraphische Korrelation von Klassen nicht möglich, da alle Klassen der einen Bohrung inhomogen zu allen der anderen Bohrung sind. Ist jedoch $v_{min} < \chi^2_{(M,\alpha)}$, so sind mindestens die beiden den v_{min} entsprechenden Klassen homogen, und zwar auf Grund des Minimalwerts der Testgröße am stärksten. Folglich haben wir aus jeder Bohrung eine Klasse gefunden, die wir einander zuordnen können. Nachdem wir aus der Matrix der Testgrößen die dem v_{min} entsprechende Zeile und Spalte streichen, können wir die Suche nach Klassen, die wir einander zuordnen können, in der linken oberen und rechten unteren Teilmatrix fortsetzen, weil wir Kreuzungen von Schichten nicht zulassen. Dieser Prozeß wiederholt sich so lange, bis sich in den verbleibenden Klassen der beiden Bohrungen keine finden, die man einander zuordnen kann. Die Zuordnung jeweils gleicher Klassen gleitet von Bohrung zu Bohrung und kann somit als Ergebnis den Schichtenverlauf darstellen.

Es muß jedoch darauf hingewiesen werden, daß dieses Modell keine Überlappungen zuläßt und außerdem bei sehr ungünstiger Lage der Schichten nur wenige Klassen einander zugeordnet werden können.

Vierter Algorithmus: Statistischer Vergleich der Grenzen

Die Klassifizierung linear geordneter Mengen liefert eine Anzahl von homogenen Klassen, die mit den benachbarten Klassen inhomogen sind. Zwischen den einzelnen Klassen befinden sich Grenzen, die durch die Testgrößen v_i charakterisiert werden.

Man kann leicht zeigen, daß im Falle einer Grenze, also im Falle der Ablehnung der Homogenität, v_i nichtzentral χ^2 verteilt ist mit einem Nichtzentralitätsparameter a_i. Dieser Parameter a_i läßt sich aus v_i berechnen. Man kann jetzt zeigen, daß diese Verteilung asymptotisch normalverteilt ist mit einem Mittelwert $M + a$ und einer Varianz von $2M + 4a$. Auf dieser Grundlage lassen sich die einzelnen Testgrößen v_i, die die einzelnen Grenzen repräsentieren, statistisch vergleichen. Es wird dabei die Nullhypothese, daß alle Grenzen gleich sind, getestet. Dazu kann ebenfalls eine χ^2-verteilte Testgröße verwendet werden, die für jeweils

[4]) Im folgenden bezeichnen wir die Testgröße $v(T_1, T_2)$ mit v oder v_i oder v_{ij} in Abhängigkeit davon, ob nur eine Größe, ein Vektor oder aber eine Matrix dieser Größen vorliegen.

[5]) Korrelation wird hier nicht im Sinn einer mathematischen Korrelationsanalyse verstanden, sondern im Sinn geologischen Sprachgebrauchs.

zwei Grenzen berechnet wird. Nachdem wir das Minimum der Testgrößen gefunden haben, vergleichen wir diesen Wert mit dem theoretischen χ^2-Wert. Wenn das Minimum kleiner ist als der theoretische χ^2-Wert, so können die beiden dem Minimum entsprechenden Grenzen als gleichbedeutend angesehen und zu einer Grenzklasse zusammengefaßt werden. Diese Zusammenfassung der Grenzen wird so lange wiederholt, bis das Minimum der Testgrößen aller Grenzen und Grenzklassen größer ist als der theoretische χ^2-Wert. Wir erhalten als Ergebnis eine bestimmte Anzahl von Klassen gleichwertiger Grenzen, die der Größe nach geordnet werden. Folglich ist es uns damit gelungen, eine Hierarchie der Grenzen anzugeben.

4. Anwendungsbeispiele

Bei der Auswahl der Beispiele wurde versucht, eine Komplexinterpretation einer Bohrung bzw. eines bestimmten Bereichs einer Bohrung zu demonstrieren. Als geeignetes Objekt dafür erschien eine Bohrung im S der DDR.

In einer Bohrung, die kompliziert metasomatisch veränderte Gesteine angetroffen hatte, liegen Konzentrationen bestimmter Elemente vor. Es stand die Aufgabe, eine statistische optimale Klassifizierung der Bohrung der Teufe nach durchzuführen, wobei einerseits Spurenelementbestimmungen und andererseits petrographische, tektonische und geophysikalische Meßreihen vorlagen. Insgesamt wurden 65 Merkmale quantitativ und halbquantitativ erfaßt (davon 48 petrographische Merkmale, 12 geochemische Merkmale, 4 geophysikalische Merkmale und 1 tektonisches Merkmal). Innerhalb des untersuchten Bereichs wurden 61 Probenpunkte untersucht, so daß in der Datenmatrix[6]) 3965 Einzelwerte enthalten waren.

Der interessierende Bereich wurde zuerst mit dem Programm „Klassifizierung linearer Mengen" gegliedert. Dabei stellte sich heraus, daß zehn homogene Klassen vorhanden sind, die in fünf von sechs Fällen mit der geologisch vorgenommenen Gliederung, die nach einer Feindokumentation des Kernmaterials durchgeführt wurde, übereinstimmten. Zusätzlich wurden vier Klassen erhalten, die eine Feingliederung der erbohrten Metasomatite gestatten. Im Ergebnis der Klassifizierung können somit Metasomatitbereiche ausgehalten werden, die in sich den 65 Merkmalen nach homogen aufgebaut sind und untereinander statistisch gesichert abgegrenzt werden können.

An der gleichen Kernstrecke wurde der Versuch unternommen, die Klassifizierung mit nur 11 Merkmalen (geochemischen) durchzuführen. Es zeigte sich, daß die Klassifizierung weniger genau ist, d. h. weniger Klassen gefunden wurden (fünf Klassen). Bemerkenswert ist, daß die aufgefundenen Klassengrenzen mit denen der Klassifizierung mit 65 Merkmalen übereinstimmen.

Die Korrespondenz mit „rein" geologisch gezogenen Grenzen ist ebenfalls nicht so gut wie unter Verwendung von 65 Merkmalen. Nur in drei von sechs Fällen ist eine Übereinstimmung der Grenzziehung vorhanden. Aus dem Ergebnis können nachfolgende Schlußfolgerungen gezogen werden.

[6]) Aufstellung der Proben und Merkmalswerte in Tabellenform.

a) Bei der Anwendung des genannten Klassifizierungsprogramms muß vom Geologen die Zielfunktion festgelegt werden, d. h., es muß vereinbart werden, ob eine Klassifikation nach geochemischen, geologischen oder anderen Gesichtspunkten oder eine komplexe Klassifikation durchgeführt werden soll. Die komplexe Klassifikation muß alle für die Ausbildung der Gesteinsserien wichtigen Merkmale[7]) beinhalten. Nur unter diesen Umständen kann eine den Geologen befriedigende Klassifikation durchgeführt werden.

b) Die Verwendung von wenigen Merkmalen gestattet nur eine grobe Klassifizierung (die z. B. bei Fragen der Auffindung von Rohstoffsorten ausreichend sein kann); je größer die Anzahl der in die Klassifikation einbezogenen Merkmale ist, desto feiner und genauer kann klassifiziert werden. Neben diesen objektiv wirkenden Eigenschaften spielt selbstverständlich der Probenabstand eine ausschlaggebende Rolle. Wenn die Proben im cm-Bereich entnommen wurden, ist eine Klassifizierung in diesem Bereich statthaft; sind die Proben z. B. alle 10 m entnommen, ist die Klassifikation auch nur in diesem Bereich möglich. Eine Interpolation kann mit den genannten Programmen nicht durchgeführt werden.

c) Anhand der ausgedruckten Mittelwerte für die einzelnen Merkmale können Gesteinsfazies, Konzentrationsintervalle u. a. Klassen quantitativ statistisch gesichert charakterisiert und durch Vergleich mit benachbarten Klassen Entwicklungstendenzen festgestellt werden.

In weiteren Fällen kann sich erweisen, daß eine „lineare" Klassifizierung für die geologische Aufgabenstellung nicht ausreichend ist. So war es z. B. von Interesse, ob in der genannten Bohrung gleiche Konzentrationsbereiche bestimmter Elemente in unterschiedlichen Teufen vorhanden sind. Die Behandlung des Problems kann mit dem Programm „Profilvergleich I" (Klassifizierung ungeordneter Mengen) erfolgen. Wesentlich ist auch hier wiederum die geologische Aufgabenstellung. Handelt es sich um Konzentrationsbereiche verschiedener Elemente, müssen die entsprechenden Merkmale (Gehalte der Elemente) zur Klassifizierung herangezogen werden.

In unserem Fall zeigte sich, daß von den sechs Klassen, die auf Grund der 11 geochemischen Merkmale gebildet wurden, nur zwei eine Einheit bilden, d. h. bei einer Vereinigung homogen sind. Alle übrigen Klassen sind untereinander inhomogen, d. h. statistisch gesichert voneinander zu trennen.

Mit dem Programm „Profilvergleich I" können außerdem Klassifizierungsprobleme, z. B. von Plutoniten allgemein, von Vulkaniten, von Sedimentiten usw., gelöst werden, d. h., man kann eine Klassifizierung ungeordneter Mengen durchführen.

Als Beispiel wurden 79 Silikatvollanalysen, die an ultrabasischen bis ultrasauren Magmatiten durchgeführt wurden, einer Klassifizierung nach den Oxiden der Elemente Si, Ti, Al, Fe^{+3}, Fe^{+2}, Mn, Mg, Ca, Na, K mit dem Programm „Klassifizierung ungeordneter Mengen" unterzogen. Das Berechnungsergebnis stimmt dabei im wesentlichen mit den Gesteinsbenennungen überein, die auf petrographischer Grundlage durchgeführt wurden. Die Granite (40 Analysen) wurden z. B. in Ca-, Na- und K-reiche Klassen aufgegliedert.

Von den 40 „Granit"-Analysen sind fünf in die Klassen der Granodiorite eingeordnet worden. Vorausgesetzt, daß die Gesteinsansprache richtig vorgenommen wurde, wurden somit ca. 90% der Granitanalysen

[7]) Als wichtige Merkmale werden im genannten Beispiel nur diejenigen bezeichnet, die hinsichtlich der Klassenabgrenzung informativ sind. Der Informationsgehalt von Merkmalen kann durch entsprechende statistische u. a. Verfahren bestimmt werden.

„richtig" eingeordnet. Eine Durchsicht der Primärdaten ergab, daß auf Grund des Chemismus von den fünf „falsch" eingeordneten Analysen zwei zu den Granodioriten zu stellen wären; damit erhöht sich der Anteil der richtig eingeordneten Analysen. Die Klassifizierung wies weiterhin Klassen der Dunite-Peridotite, der Gabbro-Norite und der Granodiorite aus. Das Verhältnis von „richtig" und „falsch" klassifizierten Analysen ist ähnlich dem der Granite.

In der geologischen Forschung tritt neben den erwähnten Problemen häufig die Frage nach der Hierarchie vorhandener Grenzen auf. Wenn man z. B. eine lineare Klassifizierung durchgeführt hat, so ergeben sich zwischen den Klassen Grenzen, die von ungleichmäßiger Bedeutung sein können, d. h. solcher, die Haupt- und Nebengrenzen entsprechen (in stratigraphischen Gliederungen z. B. als Grenzen zwischen Folgen und Grenzen zwischen Schichten anzusprechen).

Am Beispiel der obenerwähnten Bohrung wurden (unter Berücksichtigung der geochemischen Merkmale) von den sechs Grenzen drei als übergeordnete erkannt, die gleichwertig sind. Die geologische Interpretation gestattet, die übergeordneten Grenzen als solche zwischen Metasomatosefazies anzusprechen, während die untergeordneten Grenzen Metasomatosesubfazies voneinander trennen.

Wenn z. B. mehrere auf einem Profil niedergebrachte Bohrungen untersucht werden sollen, so existiert in vielen Fällen das Problem der Herstellung von Profilschnitten, d. h. der stratigraphischen oder lithostratigraphischen Korrelation von Schichten gleichen Aufbaus, gleicher Entstehung u. a. zwischen den Bohrungen. Das Problem ist mathematisch lösbar unter der Voraussetzung, daß in allen Bohrungen die gleichen Merkmale bestimmt worden sind und alle Bohrungen einer „linearen" Klassifizierung unterzogen wurden.

Im Ergebnis der Berechnung erhält man Angaben, ob die Schicht A der Bohrung 1 der Schicht B in der Bohrung 2 entspricht bzw. welche der Schichten aus Bohrung 2 mit der Schicht A aus Bohrung 2 eine Einheit bilden, also homogen sind. Die Berechnungen werden hinsichtlich der Bohrungen paarweise durchgeführt und sind demzufolge geologischen Zielstellungen und Aufgaben weitestgehend angepaßt.

Das vorliegende Programmsystem zur Klassifizierung geologischer Objekte nach mehreren Merkmalen ist somit ein erster Versuch, auf mathematisch-statistischer Grundlage eine formale Klassifizierung nach Optimalitätskriterien von geologischen Untersuchungsobjekten komplex durchzuführen. Wesentlich ist, wie bei allen mathematischen Verfahren, daß die geologische Aufgabe exakt formuliert ist.

Die Anwendungsbereiche des Programmsystems umfassen einen Großteil der Geowissenschaften, angefangen von Problemen der Bohrlochgliederung, der Behandlung flächenhafter und räumlicher Darstellungen von mehrdimensionalen Sachverhalten (von Mehrkomponentensystemen) bis zu Problemen der Klassifizierung und Untersuchung von statistischen ungeordneten geologischen Objekten, wie sie in der Geologie häufig anzutreffen sind.

Die Berücksichtigung des statistischen Charakters geologischer Daten gestattet eine sichere Anwendung des Programmsystems in vielen Forschungskomplexen moderner geologischer Untersuchungsvorhaben.

5. Hinweise auf die Rechenprogramme

Ausgehend von den vier Modellen, die hier beschrieben wurden, liegen im ORZ des ZGI vier entsprechende Programme[8]) für den Rechenautomaten Odra 1204 vor. Mit Hilfe dieser Programme können die vier Methoden durchgerechnet werden. Das Programm „Klassifizierung linear geordneter Mengen" realisiert den 1. Algorithmus des Auffindens homogener Klassen.

Das Programm bedient sich dabei eines Datenstreifens, von dem probeweise die interessierenden Merkmale eingegeben und gespeichert werden. Die Anzahl aller Daten, d. h. die Anzahl der Proben, multipliziert mit der Anzahl der Merkmale muß kleiner oder gleich 4000 sein. Auf Grund der großen Anzahl von notwendigen Rechenoperationen beträgt die Rechenzeit in Abhängigkeit von der Anzahl der Daten und der Kompliziertheit des Objekts zwischen 5 Minuten und maximal 1,5 Stunden. Der 2. und der 3. Algorithmus wurden durch die Programme „Profilvergleich I" und „Profilvergleich II" realisiert, wobei „Profilvergleich I" auch zur Klassifizierung ungeordneter Mengen benutzt werden kann. Voraussetzung für die Benutzung der Programme ist die Berechnung der „Klassifizierung linear geordneter Mengen" für ein einzelnes oder für mehrere geologische Objekte. Als Daten dienen die gleichen Daten wie bei der Klassifizierung und einige zusätzliche Informationen. Die Rechendauer beträgt je nach Anzahl der Klassen und Merkmale bei „Profilvergleich I" 10 Minuten bis zu mehreren Stunden und einige Minuten für jede Korrelation bei „Profilvergleich II". Die Anzahl der Klassen multipliziert mit der Anzahl der Merkmale darf bei „Profilvergleich I" nicht größer als 4000 sein, und das Produkt der Anzahl der Klassen jeweils zweier benachbarter Profile bei „Profilvergleich II" muß kleiner oder gleich 6000 sein. Das 4. Programm „Grenzhierarchie" arbeitet ausschließlich mit den Ergebnissen des Programms „Klassifizierung linear geordneter Mengen" und kann dabei 3000 Grenzen statistisch vergleichen. Die Rechenzeit ist abhängig von der Anzahl der Grenzen und liegt bei einigen Minuten (15 bis 50 Grenzen) bis zu ein paar Stunden (über 1000 Grenzen).

Zusammenfassung

Verf. machen mit einer statistischen Methode zur Klassifizierung geologischer Objekte nach mehreren Merkmalen bekannt. Die Methode beruht auf der Anwendung eines multiplen statistischen Homogenitätstests, der in Abhängigkeit von der geologischen Zielstellung variiert Verwendung findet. Daraus leiten sich unmittelbar die Algorithmen zur Klassifizierung von

linear geordneten Mengen (Untersuchungsobjekten),
ungeordneten Mengen (Untersuchungsobjekten)
und von zwei oder mehr linear geordneten Mengen

ab. Die Anwendung der Algorithmen zur Klassifizierung flächenmäßig und räumlich geordneter Mengen ist möglich. Mittels eines Nichtzentralitätsparameters, der sich aus den Testgrößen vorgenannter Algorithmen bestimmen läßt, ist die Möglichkeit des Vergleichs von Grenzen zwischen bereits berechneten Teilmengen gegeben.

Die genannten Algorithmen lassen sich mit vertretbarem Aufwand nur auf EDVA mittlerer und großer Rechengeschwindigkeiten (> 20000 Operationen/sec) realisieren.

---

[8]) Die Programme wurden von P. STRAACH und H. WINKS, ZGI, Berlin, erarbeitet.

Zeitschrift für angewandte Geologie, Bd. 17 (1971), Heft 8

Резюме

Авторы знакомят со статистическим методом разграничения геологических обьектов по некоторым признакам. Метод основан на применении многомерной статистической проверки гипотезы об однородности, которая применяется в зависимости от геологической цели переработки данных. Из метода непосредственно вытекают алгорифмы классификаций линейно упорядоченных множеств (обьектов исследования) неупорядоченных множеств (обьектов исследования) и двух или нескольких упорядоченных множеств.

Применение алгорифмов для классификации плоскостных или пространственных множестьв (обьектов) возможно.

С помощью параметра нецентральности, который получается из статистических величин алгорифмов, можно сравнить границы между двумя найденными классами.

Названные алгорифмы можно реализовать экономно лишь на ЦВМ средней или высокой скорости выцисления (20000 операций в секунду).

Summary

A statistical method for classifying geological objects by several characters is described. It is based on the application of a multiple statistical homogeneity test used variably as dependent on the geological aim. Algorisms are immediately derived for classifying

linearly arranged quantities (objects of investigation),
disarranged quantities (objects of investigation),
and two or more linearly arranged quantities.

Algorisms can be applied to classify quantities in surface and space arrangement.

By means of a non-centrality parameter, which can be determined from test parameters of the before-mentioned algorisms, the limits between already calculated partial quantities can be compared.

The algorisms can only be realized with expenses worth being advocated in electronic data processing installations having a mean and high rate of computing (more than 20,000 operations per sec).

Literatur

RODIONOW, D. A.: Statistische Methoden der Abgrenzung geologischer Objekte nach Merkmalskomplexen. – Isd. Nedra, 158 S., Moskau 1968.

Die Anwendung des Superpositionsverfahrens beim Test von Erdgassonden

FRIEDER HÄFNER & HANS-DIETER VOIGT, Stendal

Während der Testarbeiten an Erdgassonden werden die für die Abbauprojektierung notwendigen Parameter ermittelt. Zu diesen gehören:

- die Permeabilität K bzw. das Produkt $K \cdot h$;
- der statische Schichtdruck p_{Bs};
- der Skinfaktor S;
- die stationären Leistungsfaktoren a und b.

Mittels dieser Größen und der Vorratsverteilung kann die zu untersuchende Lagerstätte nach elektrischer Analogie bzw. nach Methoden der numerischen Mathematik vollständig dargestellt werden. An Hand dieses Modells der Lagerstätte wird der Abbau entsprechend den vorgegebenen Eckziffern, wie Jahresproduktion, minimaler Kopfdruck der Sonden u. ä., projektiert.

Entscheidend für die Modellierung und damit für wichtige Fragen der Investitionen beim Lagerstättenaufschluß ist die Qualität der Ausgangsdaten, insbesondere der stationären Leistungskoeffizienten a und b. Werden die Faktoren a und b beim Test fehlerhaft bestimmt, so geht dieser Fehler in derselben Größenordnung in die Bestimmung der notwendigen Produktionssondenanzahl für den optimalen Abbau der Lagerstätte und in das Verteilungsnetz der Sonden auf der produktiven Fläche ein.

Die bekannten stationären und instationären Untersuchungsmethoden für Gassonden weisen mit den strengen Forderungen an die Testdurchführung große Nachteile auf, zumal die Forderung nach möglichst frühzeitiger Nutzung der Sonde für die Produktion schon in der Testphase besteht.

Es erscheint notwendig, Testtechnologien und reservoirmechanische Auswertungsverfahren zu schaffen, die der Testdurchführung mit all ihren Schwierigkeiten und Störmöglichkeiten weiteren Spielraum gewähren. Dazu wird nachfolgend die Methode der mathematischen Superposition erläutert und ihre Anwendung für Druckaufbaumessungen und Leistungsteste an Erdgassonden dargestellt.

1. Theoretische Grundlagen

Strömung realer Gase

Die Differentialgleichung der Strömung einer kompressiblen Flüssigkeit durch poröse Stoffe lautet für die radialsymmetrische Geometrie:

$$\frac{\partial^2 p}{\partial r^2} + \frac{1}{r}\frac{\partial p}{\partial r} = \frac{\Phi \eta c}{k}\frac{\partial p}{\partial t} \tag{1}$$

Für die isotherme Strömung eines realen Gases führte SOTOW (1963) die Realgasdruckfunktion ein:

$$\varphi(p) = 2\int_{p_0}^{p} \frac{p'}{\eta(p') \cdot z(p')}\, dp \tag{2}$$

Damit lautet die Differentialgleichung der Strömung eines realen Gases näherungsweise:

$$\frac{\partial^2 \varphi(p)}{\partial r^2} + \frac{1}{r}\frac{\partial \varphi(p)}{\partial r} = \frac{\Phi \cdot \eta(p) \cdot c(p)}{k}\frac{\partial \varphi(p)}{\partial t} \tag{3}$$

Der Vergleich von Gleichung (1) mit Gleichung (3) zeigt die Analogie der Differentialgleichungen für beide Strömungsmedien, wenn für Gas statt des Druckes p die in (2) definierte Funktion $\varphi(p)$ eingesetzt wird. Auf Grund der Tatsache, daß die Druckleitfähigkeit

$$\varkappa = \frac{k}{\Phi \cdot \eta \cdot c} \tag{4}$$

für Flüssigkeiten konstant ist, ist Gleichung (1) eine lineare partielle Differentialgleichung, die analytisch lösbar ist, z. B. mit Hilfe der LAPLACE-Transformation.

Für reales Gas ist die Druckleitfähigkeit nicht konstant, sondern eine druckabhängige Größe. Daraus ergibt sich, daß Gleichung (3) nicht linear ist. SANDREA (1966) bewies jedoch an Hand numerischer Lösungen, daß die nichtlineare Natur der Strömung eines idealen Gases mehr von mathematischem als von physikalischem

Eingang des Mnuskripts in der Redaktion: 5. 11. 1970.

Interesse ist. Diese Erkenntnis läßt sich nach AL-HUSSAINY (1966) auch auf reales Gas ausdehnen.

Damit gelten die Lösungen von (1) mit der Linearisierung $p \to \varphi(p)$ auch für (3), d. h., wenn für p derAusdruck $\varphi(p)$ gesetzt wird. Die Funktion $\varphi(p)$ kann für jede Gaszusammensetzung bei bekannten Eigenschaften (Viskosität, Realgasfaktor) numerisch nach Gleichung (2) für jeden Druck p berechnet werden. Die Anwendung der Realgasdruckfunktion $\varphi(p)$ auf praktische Probleme ist unhandlich.

In der Praxis wird seit langer Zeit bereits die Linearisierung von Gleichung (3) mit p^2 benutzt; diese Näherung war bisher an das Vorhandensein kleiner Druckgradienten gebunden. Mit Einführung der Realgasdruckfunktion läßt sich der Geltungsbereich der verschiedenen Näherungen eindeutig in dem Bereich der Schreibweise mit p^2 bzw. p abgrenzen, wie WATTENBARGER (1968) zeigte.

Wird angenommen, daß das Produkt $\eta \cdot z =$ konstant ist, dann kann die Realgasdruckfunktion Gleichung (2) in folgender Form geschrieben werden:

$$\varphi(p) = \frac{2}{\eta \cdot z} \int_{p_0}^{p} p\,dp = \left(\frac{1}{\eta \cdot z}\right)_{\text{const.}} \cdot p^2 \qquad (5)$$

$p_0 = 1$ at abs. wird näherungsweise vernachlässigt.

Ist das Produkt $\frac{p}{\eta \cdot z} =$ konstant, schreibt sich (2)

$$\varphi(p) = \frac{2p}{\eta \cdot z} \int_{p_0}^{p} dp = \left(\frac{2p}{\eta \cdot z}\right)_{\text{const.}} \cdot p \qquad (6)$$

Die Anwendung der durch Gleichung (5) und Gleichung (6) aufgezeigten Näherungen ist allein abhängig vom Verlauf der Funktion

$$\eta \cdot z = f(p)$$

In Abb. 1 wurden nach Angaben von WATTENBARGER (1968) für reine Kohlenwasserstoffgase die Funktionen $\eta \cdot z$ und $p/\eta \cdot z$ dargestellt. Es ist möglich, daß für den Druckbereich

$$0\text{—}150 \text{ at} \qquad \eta \cdot z \approx \text{const.}$$

d. h. die Näherung mit p^2, Gleichung (5), möglich ist. Für den Druckbereich

$$250\text{—}700 \text{ at} \qquad p/\eta \cdot z \approx \text{const.}$$

ist die Näherung mit p, Gleichung (6), anwendbar.

In Abb. 1 wurden ebenfalls Funktionen für Erdgas mit höherem Inertgasanteil (Stickstoff, Kohlendioxid) prinzipiell dargestellt. Es ist zu ersehen, daß der Druckbereich, mit $\eta \cdot z \approx$ konstant, ebenfalls bis ca. 150 at reicht. Zum Unterschied zu reinen Kohlenwasserstoffen ist eine allgemeingültige Näherung mit p nicht möglich, da die Funktion $p/\eta \cdot z$ erst für sehr hohe Drücke als konstant angesehen werden kann.

Für praktische Belange ergibt sich daraus:

1. Für reine Kohlenwasserstoffgase können die p- und p^2-Näherungen in den obenangeführten Druckbereichen verwendet werden.

2. Für Gase mit Inertanteilen empfiehlt es sich, die Eigenschaften des Gases entsprechend Abb. 1 zu prüfen und daraus den Gültigkeitsbereich der Gleichungen (5) und (6) festzulegen.

3. Für Lagerstätten mit statischem Schichtdruck, kleiner als 150 at, ist die p^2-Näherung stets anwendbar.

4. Für kleine Druckdifferenzen von statischem Schichtdruck ausgehend ist sowohl die p^2- als auch die p-Näherung anwendbar; das bedeutet, daß in mittel- bis hochpermeablen Gasspeichern entgegen den Hinweisen der Literatur die p-Näherung bei hohen Drücken vorteilhafter als die p^2-Näherung ist, wie aus Abb. 1 ersehen werden kann.

Die Anwendung des Superpositionsprinzips

Das Superpositionsprinzip ist auf Lösungen linearer, homogener Differentialgleichungen, wie sie die Gleichungen (1) und (3) darstellen, anwendbar. Es beinhaltet im wesentlichen:

Existieren zwei Lösungen φ_1 und φ_2, dann ist

$$\varphi_3 = c_1\varphi_1 + c_2\varphi_2$$

ebenfalls eine Lösung der Differentialgleichung, wobei c_1 und c_2 feste Werte sind.

AL-HUSSAINY (1966) zeigte, daß Superposition auch auf Lösungen von Gleichung (3) anwendbar ist, obwohl sie nur näherungsweise linear in der Funktion $\varphi(p)$ auftritt.

Ableitung einer Basislösung

Wir betrachten eine Sonde, die, vom statischen Schichtdruck ausgehend, in Förderung genommen wird, wobei die Fördermenge variabel nach der Funktion

$$Q = Q_0 \cdot e^{-a.t} \qquad (7)$$

sein soll.

Die Anfangsbedingung lautet:

$$t = 0 \qquad p_B = p_{Bs} = \text{const.} \qquad \varphi_{Bs} = \text{const.} \qquad (8)$$

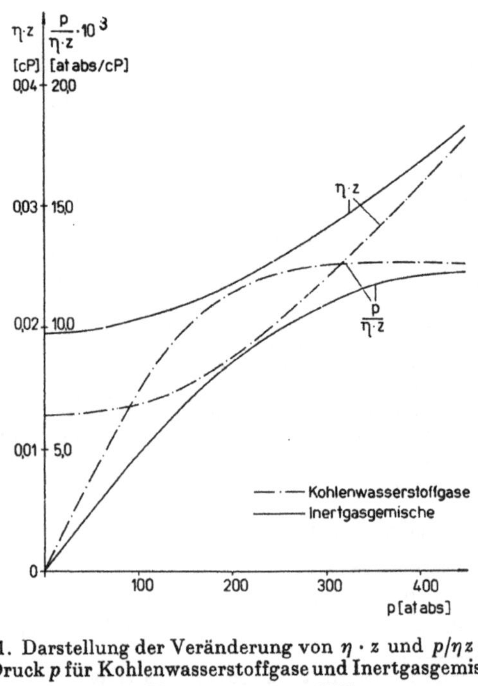

Abb. 1. Darstellung der Veränderung von $\eta \cdot z$ und $p/\eta z$ mit dem Druck p für Kohlenwasserstoffgase und Inertgasgemische (nach WATTENBARGER u. a. 1968)

Die Randbedingungen seien:

$$r \to \infty \quad p_B = p_{Bs} = \text{const.} \quad \varphi_{Bs} = \text{const.}$$

$$r = r_B \left(r \frac{\partial \varphi(p)}{\partial r} \right)_{r_B} = \frac{p_N \cdot T}{\pi \cdot k \cdot h T_N} Q_0 e^{-at} \qquad (9)$$

Gleichung (9) vernachlässigt vorerst turbulente Strömung in Sondennähe, wir werden sie später als mengenabhängigen Druckabfall berücksichtigen. Mit (8) und (9) kann (3) mittels LAPLACE-Transformation und Rücktransformation nach dem Faltungssatz, einer Form der Superposition, gelöst werden zu

$$\varphi_{Bs} - \varphi_B(t) = \frac{p_N \cdot T}{2\pi \cdot k \cdot h T_N} Q_0 e^{-at} \int_{\frac{r_B^2}{4\varkappa \cdot t}}^{\infty} e^{-\frac{a}{4\lambda}} \cdot \frac{e^{\lambda}}{\lambda} \, d\lambda \qquad (10)$$

λ = Integrationsvariable

Für $a \ll 1$ und $\frac{r_B^2}{4 \cdot \varkappa \cdot t} \ll 1$

kann das Integral (10) genähert werden durch

$$\varphi_{Bs} - \varphi_B(t) = \frac{p_N \cdot T}{2\pi \cdot k \cdot h \cdot T_N} Q_0 e^{-at} \left[-Ei\left(-\frac{r_B^2}{4\varkappa t}\right) + \sum_{i=1}^{\infty} \frac{(a \cdot t)^i}{i \cdot i!} \right] \qquad (11)$$

Gleichung (11) ist die gesuchte Basislösung, die das Verhalten des Druckes $p_B(t)$ bzw. dessen Realgasdruckfunktion $\varphi_B(t)$ bei Förderung mit veränderlicher Fördermenge beschreibt. Eine beliebige Anzahl n von Förderperioden, in denen die Fördermenge der Gleichung (7) folgt, können superponiert werden, wobei für die unendliche Reihe in (11) eine Integraldarstellung gewählt wird. Ausführliche Ableitungen wurden von HÄFNER (1970) angegeben. Setzen wir die Fördermenge der letzten Periode konstant, so gilt mit

$$Q_n = Q_{0n} = \text{const.} \qquad a_n = 0$$

$$\varphi_{Bs} - \varphi_B = \frac{p_N T}{2\pi \cdot k \cdot h \cdot T_N} \left\{ \sum_{\nu=1}^{n-1} Q_{0\nu} \, e^{-a_\nu(t-t_{\nu-1})} \times \left[\ln \frac{t - t_{\nu-1}}{t - t_\nu} + \int_{a_\nu(t-t_\nu)}^{a_\nu(t-t_{\nu-1})} \frac{e^{\lambda} - 1}{\lambda} \, d\lambda \right] \right\}$$

$$+ \frac{Q_{0n} \cdot p_N T}{2\pi \cdot k \cdot h T_N} \cdot \ln \frac{2{,}25 \varkappa (t - t_{n-1})}{r_{Be}^2} + \frac{b}{\eta_m} Q_{0n}^2 \qquad (12)$$

Der Faktor „b" ist der sogenannte Turbulenzfaktor. Die Addition des letzten Summanden in Gleichung (12) bedeutet, daß der infolge turbulenter Strömung zusätzlich entstehende Druckverlust als zeitunabhängig betrachtet wird. Er entsteht entsprechend dieser Darstellung direkt am Rand der Bohrung ($r = r_B$), was näherungsweise mit der praktischen Erfahrung übereinstimmt.

2. Zur Methodik des Testens von Erdgasbohrungen

Die jeweils zu wählende Methode zur gasdynamischen Untersuchung von Gassonden stellt in jedem Fall eine Lösung von Gleichung (3) dar. Die spezifische Technologie der Methoden rührt aus den unterschiedlichen Anfangs- und Randbedingungen her. Bisher wurden in der Praxis stets Lösungen mit stationärer Anfangsbedingung, also

$$p_B(t = 0) = \text{const.}$$

und als innere Randbedingung Gleichung (9) mit $a = 0$, also Q = const., verwendet. Das führt zu einem relativ großen Zeitaufwand für die Testarbeiten, zum anderen sehr oft zu nichtauswertbaren Ergebnissen.

Wir werden im folgenden die Hauptuntersuchungen während eines Gastestes — Druckaufbaumessung und stationäre Untersuchung — mit Hilfe des Superpositionsprinzips bearbeiten, wobei wir auf den Veröffentlichungen von SOTOW (1963, 1966) aufbauen.

3. Bearbeitung von Druckaufbaumessungen an Erdgassonden

Nahezu alle bekannten Methoden zur Bearbeitung von Druckaufbaumessungen erfordern eine ununterbrochene Förderperiode vor der Messung. Bei einer Anzahl von Sonden, insbesondere in geringpermeablen Speichern, stellt das eine nicht realisierbare Forderung dar. In solchen Fällen wird nach dem bekannten Konzept von HORNER (1954) eine mittlere Förderzeit

$$\tau = \frac{\int_0^t Q(t)\,dt}{Q(t)}$$

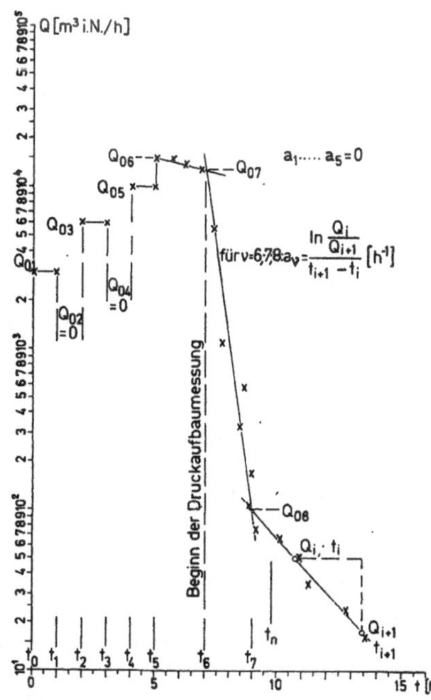

Abb. 2. Prinzipielle Darstellung der Bearbeitung der Fördermengen — Meßwerte für die Superpositionsmethode

Förderperiode vor DAM besteht aus Leistungstest, nichtisochron, mit eingeschalteten Druckaufbauzeiten ($Q_\nu = 0$)

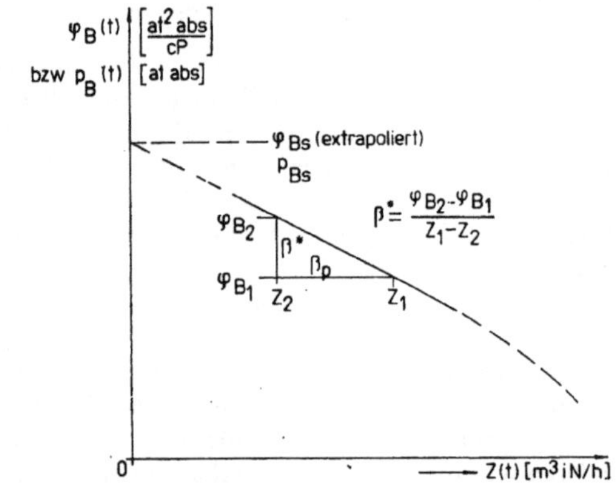

Abb. 3. Schematische Darstellung der Auswertung von Druckaufbaumessungen nach der Superpositionsmethode

angenommen. Die Erfahrung zeigt, daß dieses Konzept zu einer fehlerhaften Bestimmung der Permeabilität und des extrapolierten Schichtdrucks führen kann.

Wir benutzen die Gleichung (12) für den Druckaufbau, indem wir die letzte Förderrate $Q_{0n} = 0$ setzen und erhalten mit praktischen Maßeinheiten:

$$\varphi_{Bs} - \varphi_B(t) = \frac{1{,}728 \cdot T_L}{k \cdot h} \cdot Z(t) \tag{13}$$

wobei $Z(t)$ bedeutet:

$$Z(t) = \sum_{\nu=1}^{n-1} Q_{0\nu} e^{-a_{\nu 1}(t-t_{\nu-1})} \left[\ln \frac{t - t_{\nu-1}}{t - t_\nu} + \int\limits_{a_\nu(t-t_\nu)}^{a_\nu(t-t_{\nu-1})} \frac{e^\lambda - 1}{\lambda} \, d\lambda \right]$$

$$\beta^* = \frac{1{,}728 \; T_L}{k \cdot h}$$

Sind die unter Punkt (1) erläuterten Bedingungen gegeben, lautet (13) mit p-Näherung:

$$p_{Bs} - p_B(t) = \frac{0{,}864 \cdot T_L}{k \cdot h} \cdot \left(\frac{\eta \cdot z}{p} \right)_{\text{const.}} Z(t) \,. \tag{14}$$

Bei Druckaufbaumessungen ist im Normalfall für den Geradenabschnitt die einfache Bearbeitung nach (14) möglich.

Die Auswertung einer Druckaufbaumessung sei prinzipiell erläutert. Abb. 2 stellt den Verlauf der Fördermenge vor dem Druckaufbau halblogarithmisch dar. Die Faktoren „a_ν" werden als Steigungen einzelner Geradenabschnitte ermittelt, die Zeitwerte „t_ν" als Endpunkte der Geraden. Eventuell zu berücksichtigende Nachproduktion in das Bohrloch nach dem Schließen der Sonde kann, wie in Abb. 2 angedeutet, ebenfalls berücksichtigt werden.

An Hand der aus Abb. 2 ermittelten Daten kann $Z(t)$ numerisch auf dem elektronischen Kleinrechner Cellatron bzw. durch graphische Integration ermittelt werden. Die graphische Darstellung der Realgasdruckfunktion als Funktion von $Z(t)$ ergibt die Steigung β^* bzw. den extrapolierten Schichtdruck in Abb. 3.

Die Schichtparameter $k \cdot h$ errechnen sich mit β^* aus

$$k \cdot h = \frac{1{,}728 \cdot T_L}{\beta^*}$$

bzw. bei direkter Verwendung des Druckes p aus

$$k \cdot h = \frac{0{,}864 \cdot T_L}{\beta_p} \cdot \left(\frac{\eta \cdot z}{p} \right)_{\text{const.}}$$

Der extrapolierte Schichtdruck $\varphi(p_{Bs})$ bzw. direkt p_{Bs} ist bei $Z = 0$ abzulesen.

4. Stationäre Untersuchungen von Gassonden

Die stationären Untersuchungen mit Anwendung des Superpositionsprinzips basieren auf der instationären Lösung (12) und berechnen näherungsweise den stationären Zustand. Wir benutzen die Schreibweise von MINSKIJ und schreiben Gleichung (12) in folgender Form:

$$\varphi_{Bs} - \varphi_{Bf} = a^* Q + b^* \frac{Q^2}{\eta} + \beta^* Z_{n-1} \tag{15}$$

Mit Anwendung der quadratischen Näherung ergibt sich:

$$p_{Bs}^2 - p_{Bf}^2 = a Q + b Q + \beta Z_{n-1} \tag{16}$$

wobei bedeuten:

$$\beta^* = \frac{p_N \cdot T}{2\pi \cdot k \cdot h \cdot T_N}; \qquad \beta = \frac{p_N \cdot T \cdot \eta \cdot z}{2\pi \cdot k \cdot h \cdot T_N} \tag{17}$$

$$Z_{n-1} = \sum_{\nu=1}^{n-1} \left[Q_{0\nu} e^{-a_\nu(t-t_\nu-1)} \left(\ln \frac{t - t_{\nu-1}}{t - t_\nu} + \int\limits_{a_\nu(t-t_\nu)}^{a_\nu(t-t_{\nu-1})} \frac{e^\lambda - 1}{\lambda} \, d\lambda \right) \right] \tag{18}$$

$$a^*(t) = \beta^* \left[\ln \frac{2{,}25 \cdot \varkappa}{r_{Be}^2} + \ln (t - t_{n-1}) \right];$$

$$a = a^* \cdot \eta z \tag{19}$$

$$b^* = \frac{\varepsilon \cdot \varrho_N \cdot T \cdot p_N}{2\pi^2 \cdot h^2 \cdot T_N \cdot r_B} \left(1 - \frac{r_B}{r_E} \right); \qquad b = b^* \cdot z \tag{20}$$

Zur stationären Untersuchung einer Sonde wird die Gleichung (15) oder (16) auf jede Fließrate angewendet. Da a^* bzw. a Funktionen der Fließzeiten sind, muß die Dauer jedes Regimes $t - t_{n-1}$ konstant sein. Wenn keine konstanten Fließzeiten für die einzelnen Regimes möglich sind, müssen die einzelnen Regimes rechnerisch auf konstante Fließzeiten bezogen werden. Die Auswertegleichung erhält dann die Form:

$$\frac{\varphi_{Bs} - \varphi_{Bf} - \beta^* Z_{n-1}}{Q} - \beta^* [\ln (t - t_{n-1}) - \ln \Delta t_{\text{const.}}]$$

$$= a^* (\Delta t_{\text{const.}}) + \frac{b^*}{\eta} Q \tag{21}$$

bzw.

$$\frac{p_{Bs}^2 - p_{Bf}^2 - \beta Z_{n-1}}{Q} - \beta[\ln(t - t_{n-1}) - \ln \Delta t_{\text{const.}}]$$

$$= a(\Delta t_{\text{const.}}) + bQ \qquad (22)$$

Die Größen β^* bzw. β werden aus Druckaufbaumessungen nach Punkt (3) bzw. Druckabfallmessungen ermittelt.

Wurde die Sonde vor dem Test mit variablen Förderraten gefahren, so geht die Vorgeschichte des Testes entsprechend Abb. 2 in die Größe Z_{n-1} ein. Wird die Sonde auch vor Beginn des Testes mit konstanten Förderraten gefahren, d. h. $a_v = 0$, so entfällt das Integral im Ausdruck Z_{n-1}.

Das instationäre Konzept gilt für Sonden, die während des Testes die Kontur der Lagerstätten nicht beeinflussen und nicht mit anderen Sonden interferieren. Der Filtrationskoeffizient $a(\Delta t)$ ist bezogen auf die jeweilige Fließzeit Δt und kann für stationäre Verhältnisse nicht bestimmt werden. Für Sonden mit einem definierbaren Einzugsradius r_E (halben Sondenabstand) kann nach der Methode von CARTER (MARX 1966) der stationäre Filtrationskoeffizient a bestimmt werden.

In der Praxis ist das jedoch nicht exakt möglich, deshalb ist es zweckmäßig, ein Förderregime über längere Zeit bis zur Konstanz zu fahren und daraus das stationäre „a" zu bestimmen. Rechnerisch ist die Ermittlung von a durch die Wahl einer geeigneten Fließzeit Δt in Gleichung (21) oder (22) möglich.

5. Beispiel für die stationäre Untersuchung von Gassonden

In der Anwendung der stationären Untersuchung von Gassonden soll gezeigt werden, welche Fehlermöglichkeiten bei der Auswertung nach der konventionellen Methode, gegenüber der exakten Methode bestehen. Dazu wurde ein Gassondentest aus der Literatur (SOTOW u. a. 1966) nach beiden Verfahren ausgewertet. Nach den dort angeführten Werten wurde die Sonde nach einem Druckaufbau bis zum statischen Schichtdruck mit vier Fließperioden unterschiedlicher Förderleistungen getestet. Die Reihenfolge der Regimes ist gegenüber den Forderungen von konventionellen Kurzzeittestmethoden wahllos; ebenfalls ist die Zeitdauer des Druckaufbaus zwischen den Fließperioden unterschiedlich. Für die dritte Fließperiode ist kein Sohlenfließdruck angegeben. Dieser Fall tritt in der Praxis häufig bei nicht ordnungsgemäß arbeitenden Sohlendruckmeßgeräten auf.

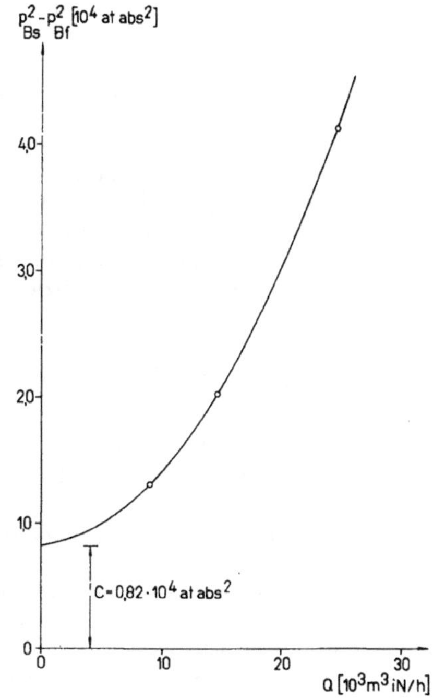

Abb. 4. Indikatorkurve der Beispielsonde in p^2-Linearisierung

Die Testauswertung erfolgte zuerst nach der allgemein verbreiteten Methode mit Anwendung der quadratischen Näherung; Test- und Auswertungsergebnisse sind dazu in Tab. 1 angeführt. Die in Abb. 4 dargestellte Indikatorkurve der Sonde schneidet bei $Q = 0$ die Ordinate und hat somit einen anomalen Verlauf, der bisher auf fehlerhafte Sohlendruckmessungen (zu großer statischer Schichtdruck oder zu große Depression) zurückgeführt wurde. Eine Korrektur erfolgte mit Hilfe des Ordinatenabschnitts der Indikatorkurve c.

$$\frac{p_{Bs}^2 - p_{Bf} - c}{Q} = a_1 + b_1 \frac{Q}{\eta} \qquad (23)$$

Tabelle 1. Zur Ermittlung der Filtrationskoeffizienten p^2-Linearisierung

Reg. Nr.	t [h]	Q [10^3m^{3}iN/h]	p_{Bf} [atabs.]	p^2_{Bf} [atabs.]^2	$p^2_{Bs} - p^2_{Bf}$ [atabs.]^2	$\frac{p^2_{Bs} - p^2_{Bf}}{Q}$	$\beta \cdot Z_{n-1}$	$\Delta p^2 - \beta \cdot Z_{n-1}$	$\frac{\Delta p^2 - \beta \cdot Z_{n-1}}{Q}$	$\Delta p^2 - c$	$\frac{\Delta p^2 - c}{Q}$	$\frac{\Delta p^2 - \beta Z_{n-1}}{Q} - \beta[\ln(t - t_{n-1}) - \ln \Delta t]$
1	10,0	14,50	324,4	105235	20223	1,304	0	20223	1,394	12023	0,830	3,104
2	14,5	0										
3	10,0	24,50	290,1	84158	41300	1,686	1552	39748	1,622	33100	1,350	3,332
4	42,5	0										
5	10,0	5,55										
6	23,5	0										
7	10,0	8,90	335,2	112359	13099	1,472	1837	11262	1,265	4899	0,550	2,975

$p_{Bs} = 354{,}2$ atabs. $\quad p^2 = 125457{,}64 = 125458$ atabs.^{2}

$\beta = 0{,}312 \frac{\text{at}^2/\text{Zykl.} \cdot \ln}{\text{m}^3\text{iN/h}}$

Diese Auswertung (Abb. 5) liefert die Fließkoeffizienten

$$a_1 = 0{,}10 \frac{\text{at abs.}^2}{(\text{m}^3\text{iN/h})} \quad \text{und } b_1 = 5{,}10 \cdot 10^{-5} \left(\frac{\text{at abs.}}{\text{m}^3\text{iN/h}}\right)^2$$

Für die Auswertung mit der exakten Berücksichtigung der Vorgeschichte jeder Fließperiode wurde die Gleichung (16) mit der Bedingung $Q(t) = \text{const.}$ verwendet. Die Ergebnisse sind ebenfalls in Abb. 5 dargestellt und ergeben folgende Fließkoeffizienten:

$$a_2 = 1{,}07 \frac{\text{at abs.}^2}{(\text{m}^3\text{iN/h})} \quad b_2 = 2{,}25 \cdot 10^{-5} \left(\frac{\text{at abs.}}{\text{m}^3\text{iN/h}}\right)^2$$

Ein Vergleich der beiden Verfahren ergibt für a_1 einen Fehler von 93,5% und für den Turbulenzkoeffizienten b_1 einen Fehler von 127%.

Bei der Bestimmung der Permeabilität aus der Indikatorkurve geht der Fehler von a direkt in die ermittelte Permeabilität ein. Zur Ermittlung der Fehlergröße, die durch die quadratische Näherung bei der Bestimmung der Fließkoeffizienten entsteht, wurde der obenangeführte Sondentest unter Berücksichtigung der Realgaseigenschaften ausgewertet.

Als Grundlage der Auswertung diente Gleichung (15), die darin enthaltene Realgasdruckfunktion wurde für die einzelnen Drücke numerisch berechnet. Die Ergebnisse der Auswertung sind in Tab. 2 zusammengestellt. Abb. 6 zeigt die graphische Darstellung der Indikatorkurve, die ebenfalls nicht den Koordinatenursprung schneidet und somit analog zu Abb. 4 verläuft. Eine Korrektur unter Berücksichtigung des Ordinatenabschnitts C^* aus Abb. 6 ergab aus der graphischen Darstellung der Gleichung

$$\frac{\varphi_{Bs} - \varphi_{Bf} - C^*}{Q} = a_1^* + b_1^* \frac{Q}{\eta} \tag{24}$$

die Fließkoeffizienten

$$a_1^* = 1{,}0 \frac{\text{at abs.}^2}{(\text{cP} \cdot \text{m}^3\text{iN/h})} \quad \text{und } b_1^* = 4{,}87 \cdot 10^{-5} \left(\frac{\text{at abs.}}{\text{m}^3\text{iN/h}}\right)^2$$

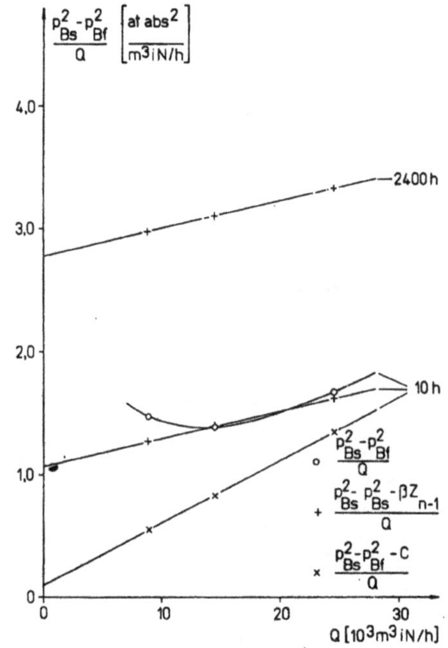

Abb. 5. Ermittlung der Filtrationskoeffizienten a und b der Beispielsonde mit p^2-Linearisierung

Aus der Berücksichtigung der Vorgeschichte jedes Förderregimes nach Gleichung (15) wurden die Koeffizienten

$$a_2^* = 34{,}0 \frac{\text{at abs.}^2}{(\text{cP} \cdot \text{m}^3\text{iN/h})} \quad \text{und } b_2^* = 2{,}33 \cdot 10^{-5} \left(\frac{\text{at abs.}}{\text{m}^3\text{iN/h}}\right)^2$$

aus Abb. 7 ermittelt. Die Fehler der Fließkoeffizienten aus der nach Gleichung (24) korrigierten Indikatorkurve betragen 97% für a_1^* und 109% für den Turbulenzkoeffizienten b_1^*.

Vergleich der Ergebnisse

In vorliegender Arbeit und dem durchgerechneten Beispiel wurden zwei Änderungen gegenüber der herkömmlichen Auswertemethodik angewendet: die Ein-

Tabelle 2. Zur Ermittlung der Filtrationskoeffizienten $\varphi(p)$-Linearisierung

Reg. Nr.	t [h]	Q [10^3 m³iN/h]	p_{Bf} [at abs.]	φ_{Bf} [at abs.²/cP]	$\varphi_{Bs} - \varphi_{Bf}$	$\frac{\varphi_{Bs} - \varphi_{Bf}}{Q}$	$\frac{Q}{\eta_m}$	$\beta^* \cdot Z_{n-1}$	$\Delta\varphi - \beta^* \times Z_{n-1}$	$\frac{\Delta\varphi - \beta^* \cdot Z_{n-1}}{Q}$	$\frac{\Delta\varphi - \beta^* \cdot Z_{n-1}}{Q} - \beta^* \cdot [\ln(t - t_{n-1}) - \ln \Delta t]$	$\Delta\varphi - c$	$\frac{\Delta\varphi - c}{Q}$
1	10,0	14,50	324,4	4361820	674902	46,54	545,11	0	674902	46,54	101,89	394902	27,23
2	14,5	0											
3	10,0	24,50	290,1	3615139	1421583	58,02	938,70	50237	1371346	55,97	111,32	1141583	46,60
4	42,5	0											
5	10,0	5,55	–										
6	23,0	0											
7	10,0	8,90	335,2	4603885	432837	48,63	333,33	59459	373378	41,95	97,30	152837	17,17

p_{Bs} = 354,2 at abs.
φ_{Bs} = 5036722
η_s = 0,027 cP, $(\eta \cdot z)_s$ = 0,0309 cP, z_s = 1,145
$\beta^* = \beta \cdot \frac{1}{(\eta z)_s} = 10{,}10 \frac{\text{at}^2/\ln \text{Zykl.}}{\text{m}^3\text{iN/h} \cdot \text{cP}}$

η_{1m} = 0,0266 cP
η_{3m} = 0,0261 cP
η_{7m} = 0,0267 cP

Tabelle 3

Auswerteverfahren	a	$b\left[\left(\frac{\text{atabs.}}{\text{m}^3\text{iN/h}}\right)^2\right]$	$k \cdot h$ $[mD \cdot m]$
1. $\frac{\Delta p^2}{Q} = f(Q)$ bzw. $\frac{\Delta\varphi}{Q} = f\left(\frac{Q}{\eta_m}\right)$	nicht auswertbar!		
2. $\frac{\Delta p^2 - c}{Q} = f(Q)$ (Abb. 5)	0,10 $\frac{\text{atabs.}^2}{\text{m}^3\text{iN/h}}$	$5{,}10 \cdot 10^{-5}$	4270
3. $\frac{\Delta p^2 - \beta Z_{n-1}}{Q} = f(Q)$ (Abb. 5) (Superpositionsverfahren)	1,07 $\frac{\text{atabs.}^2}{\text{m}^3\text{iN/h}}$	$2{,}25 \cdot 10^{-5}$	400
4. $\frac{\Delta\varphi - c}{Q} = f\left(\frac{Q}{\eta_m}\right)$ (Abb .7)	1,00 $\frac{\text{atabs.}^2}{\text{cP} \cdot \text{m}^3\text{iN/h}}$	$4{,}87 \cdot 10^{-5}$	13820
5. $\frac{\Delta\varphi - \beta^* Z_{n-1}}{Q} = f\left(\frac{Q}{\eta_m}\right)$ (Abb. 7) (Superpositionsverfahren mit Realgas)	34,0 $\frac{\text{atabs.}^2}{\text{cP} \cdot \text{m}^3\text{iN/h}}$	$2{,}33 \cdot 10^{-5}$	406

führung des Superpositionsprinzips und die Berücksichtigung der Realgaseigenschaften mit der $\varphi(p)$-Näherung. Tab. 3 stellt die Ergebnisse der unterschiedlichen Auswerteverfahren zusammen.

Das herkömmliche Verfahren (1.) ist nicht auswertbar. Die Korrektur mittels Faktor C (2. und 4.) liefert völlig unreale und willkürliche Ergebnisse, wie man aus dem Produkt $k \cdot h$ ersehen kann. Repräsentative Ergebnisse liefert die Methode mit Anwendung des Superpositionsverfahrens (3. und 5.). Der Unterschied der Ergebnisse der Werte $k \cdot h$ von 400 bzw. 406 mD·m resultiert aus der Berücksichtigung der Realeigenschaften. Das Auswerteverfahren (5.) berücksichtigt exakt

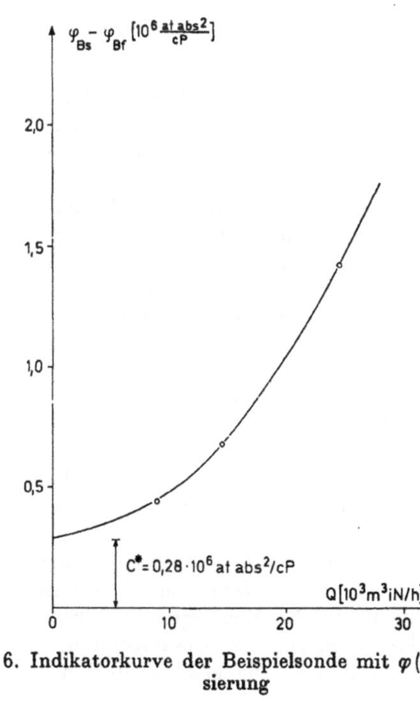

Abb. 6. Indikatorkurve der Beispielsonde mit $\varphi(p)$-Linearisierung

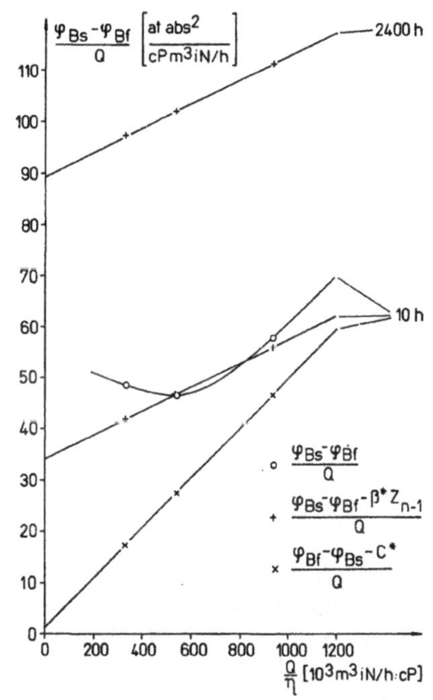

Abb. 7. Ermittlung der Filtrationskoeffizienten a^* und b^* der Beispielsonde mit φ-Linearisierung

die Veränderung von Realgasfaktor und Viskosität als Funktion des Druckes und liefert für die Abbauprojektierung die besten Werte.

Für relativ geringe Druckdifferenzen, wie sie im Beispiel auftraten, ist die p^2-Linearisierung eine brauchbare Näherung. Die ausgewiesenen Leistungsfaktoren a und b gelten für eine Fließdauer von 10 h. Der Turbulenzfaktor b kann als konstant und unabhängig von der Fließzeit angesehen werden.

Der Faktor a ist entsprechend Gleichung (19) eine Funktion der Fließdauer. Für Sonden, die eine Struktur neuerschließen bzw. in großer Entfernung zu benachbarten Fördersonden stehen, ist die Annahme eines stabilisierten Wertes a nicht gerechtfertigt. Für praktische Zwecke ist es ausreichend, mit einer Fließdauer von ca. 100 d zu rechnen. Da sich „a“ mit dem Logarithmus der Zeit ändert, ist eine Fehleinschätzung der Stabilisierungszeit von geringem Einfluß.

Zusammenfassung

In vorliegender Arbeit werden die theoretischen Grundlagen der Strömung realer Gase erläutert. Die Anwendung des Superpositionsprinzips wurde durch Angabe der Lösungen und Bedingungen demonstriert. Die Ergebnisse wurden auf Auswertung eines Testes einer Erdgassonde angewendet.

Резюме

В настоящей статье излагаются теоретические основы фильтраций реальных газов. Применение супер-позиционного принципа было продемонстрировано указанием решений и условий. Результаты были применены на обработке испытания газовой скважины.

Summary

The theoretical bases of the flow of real gases are discussed. The use of the principle of superposition is demonstrated by indicating solutions and conditions. Results are applied to evaluating the test of a natural gas well.

Literatur

AL-HUSSAINY, R., H. J. RAMEY & P. B. CRAWFORD: The flow of real gas through porous media. – Journ. Petr. Techn., S. 624, Mai 1966.

HÄFNER, F.: Untersuchungen zur instationären Strömung. – Diss. Bergakad. Freiberg 1970.

HORNER, R. D.: Pressure build-up in wells, proc. 3. – World petr. congress, Leiden 1954.

MARX: Die Carter-Methode. – Vortr. Berg-Hüttentag Freiberg 1966.

SANDREA, R. F.: A self-similar solution of unsteady flow of gas through porous media. – 25. Technical Conference on Petr. Prod. Okt. 1966, Penn State University.

SOTOW, G. A.: Priblishennoe rešenie sadatsche o perwoj fase nestazionarnych filtrazii realnogo gasa w plaste. – Sbornik WNII Gas, wyn. J, Gostoptechisdat, Leningrad 1963.

SOTOW, G. A., u. a.: Woprosy interpretazii resultatow issledowanija gasowych skwasin WNII – OENG. – Moskau 1966.

WATTENBARGER, R. A., & H. J. RAMEY: Gas, well testing with turbulence damage and wellbore storage. – Journ. Petr. Techn., S. 877, Aug. 1968.

Verzeichnis der Symbole

Symbol	Bedeutung	Dimension
a_v	Ausgangswert für Superposition	h^{-1}
a	Fitrationskoeffizient (p^2)	$\frac{\text{at abs.}^2}{m^3\text{iN/h}}$
a^*	„	$\frac{\text{at abs.}^2}{\text{cP}.m^3\text{iN/h}}$
b, b^*	Turbulenzkoeffizient	$\left(\frac{\text{at abs.}}{m^3\text{iN/h}}\right)^2$
c	Kompressibilität	at^{-1}
C	Korrekturfaktor	
h	effektive Mächtigkeit	m
k	Permeabilität	mD
p	Druck	at abs.
p_B	Sohlendruck	at abs.
p_{Bs}	statischer Sohlendruck	at abs.
p_{Bf}	Sohlenfließdruck	at abs.
Q	Normvolumenstrom	m^3iN/h
r	Radius	m
r_B	Bohrlochradius	m
r_E	Einzugsradius	m
t	Zeit	h
T_L	Schichttemperatur	°K
z	Realgasfaktor	–
$\varphi_{(p)}$	Realgasdruckfunktion	at abs.^{3}
η	Viskosität	cP
ϱ_N	Normgasdichte	kg/m^3 iN
$\varkappa$	Druckleitfähigkeit	$\frac{m^2}{s}$

Die angegebenen Dimensionen gelten nur für Punkt 5. Für alle anderen Gleichungen kann jedes kohärente Maßsystem benutzt werden.

Die Rohstoffbasis der Gasindustrie und die Perspektive ihrer Erweiterung

W. G. WASILJEW, UdSSR

Mit mehr als 12 Bill. m^3 erkundeten Gasvorräten (Stand vom 1. Jan. 1970) nimmt die Sowjetunion den ersten Platz in der Welt ein. Die Rohstoffbasis des Landes gewährleistet eine Jahresförderung von rd. 400 Mrd. m^3 auf die Dauer von 30 Jahren bzw. von 600 Mrd. m^3 auf die Dauer von 20 Jahren. Die gegenwärtigen Erfolge bei der Schaffung der Rohstoffbasis für die Gasindustrie sind das Ergebnis der langen vorangegangenen Periode.

Mit der Nutzung der Gaslagerstätten in der UdSSR ist bereits in den Jahren des Großen Vaterländischen Kriegs begonnen worden. Im Jahre 1941 wurde die Gaslagerstätte Jelmanskoje im Gebiet von Saratow aufgeschlossen. Als erste ihrer Art wurde 1946 die Gasleitung Saratow—Moskau gebaut; damit konnte die Hauptstadt erstmalig mit Naturgas versorgt werden. Etwas früher erfolgte der Aufschluß der kleinen Gaslagerstätten im N des Orenburger Gebiets (Buguruslansker Bezirk). Insgesamt war jedoch in diesem Zeitraum, ebenso wie auch in der Nachkriegszeit, die Gasgewinnung nur gering. Ein entscheidender Aufschwung im Wachstumstempo begann Mitte der 50er Jahre, nachdem der XX. Parteitag der KPdSU eine beschleunigte Entwicklung der Gasindustrie beschlossen hatte.

Während früher lange Zeit die Suche nach Erdgas nur in Verbindung mit der Erdölsuche erfolgt war, begann ab 1956 die selbständige Suche nach Erdgaslagerstätten. Diese Tatsache war von ausschlaggebender Bedeutung für die Schaffung einer umfangreichen Rohstoffbasis der Gasindustrie. Der Aufschluß einer Reihe von Lagerstätten in den 50er Jahren — Schebelinskoje in der östlichen Ukraine, einer Gruppe von Erdgaslagerstätten bei Krasnodar, Nordstawropol, Beresow in Westsibirien, Gasli in Mittelasien u. a. — war der Anlaß für eine systematische Erhöhung des Umfangs an Such- und Erkundungsbohrungen auf Erdgas.

Hier muß erwähnt werden, daß bis 1959 die Planung und die Abrechnung der Bohrtätigkeit auf Erdgas zusammen mit der auf Erdöl erfolgte. Nach Einschätzung von Fachleuten betrug der Gesamtumfang der Gasbohrungen im Jahre 1955 etwa 235000 m. Ab 1959

Aus: „Gasowaja promyschlennost“, 1970, Heft 4, S. 8–13.
Übers.: K.-H. BINTIG, Berlin.

Tab. 1. Hauptkennziffern der Such- und Erkundungsarbeiten

Zeitraum	Zuwachs an Erdgasvorräten*) Mrd. m^3	Steigerung des Vorratszuwachses an Gas im Vergleich mit der Fünfjahrplanperiode 1951–1955 (= 1)	Jährlicher Zuwachs an Gasvorräten je Fünfjahrplanperiode Mrd. m^3	Gesamtumfang an Such- und Erkundungsbohrungen auf Gas Tm	Mittlere Effektivität der Bohrungen je Fünfjahrplanperiode Tm^3/m
1951–1955	540,4	1,0	–	–	–
1956–1960	1866,8	3,4	373,4	–	–
1961–1965	1684,2	2,9	336,8	8213,4	205
1966–1969	9133,2	16,9	2288,3	8276,9	1100
1966–1970 (unter Einrechnung des Planes 1970)	10798,2	20,0	2159,6	10414,3	1003

*) Der Zuwachs und die Vorräte sind stets als Summe der Vorratsklassen A + B + C_1 angegeben.

wurden die Such- und Erkundungsarbeiten auf Erdgas gesondert für das Gesamtterritorium geplant, und zwar unabhängig von der ausführenden Institution. Die Gesamtbohrmeter für Erdgas stiegen bis 1959 auf 918000.

Im Zeitraum von 1955 bis 1970 wurden insgesamt 35 Mill. m Erkundungsbohrungen auf Erdgas niedergebracht; im gleichen Zeitraum vergrößerten sich die Gasvorräte auf 13 Bill. m^3, von denen 911 Mrd. m^3 gefördert wurden. Jedes Meter an Such- und Erkundungsbohrungen erbrachte demnach einen Zuwachs von 577000 m^3 Gas. Die Steigerungsraten des Such- und Erkundungsbohrens auf Erdgas und die Erweiterung dieser Rohstoffbasis in der UdSSR sind in Tab. 1 dargestellt; der Erforschtheitsgrad der für eine Erdgasführung perspektivischen Gebiete der UdSSR wird durch die Werte in der Tabelle 2 charakterisiert.

Besonders große Erfolge in der Such- und Erkundungstätigkeit auf Erdgas wurden in den letzten vier Jahren durch den Aufschluß neuer Lagerstätten nicht nur in Sibirien und Mittelasien, sondern auch im europäischen Teil der UdSSR erzielt.

Die Erfolge bei der Suche und Erkundung von Erdgas- und Gaskondensatlagerstätten sind das Ergebnis

a) der Sicherung wissenschaftlich begründeter Richtungen der Suche nach Erdgas- und Gaskondensatlagerstätten;

b) der Richtigkeit der Grundlinie für die Durchführung der Such- und Erkundungsarbeiten auf Erdgas, gerichtet auf den Nachweis besonders großer Lagerstätten;

c) der Planmäßigkeit der Suche nach Erdgaslagerstätten sowohl auf dem Gesamtterritorium als auch in einzelnen Gebieten auf der Grundlage wissenschaftlicher Prognosen der Erdgasführung und einer rationellen Verbindung der regionalen und der detaillierten geophysikalischen Arbeiten sowie der Stütz-, Parameter-, Such- und Erkundungsbohrungen;

d) der Richtigkeit der von den Ministerien für Gasindustrie und für Geologie der UdSSR ausgearbeiteten grundsätzlichen Festlegungen über die Vorbereitung von Erdgaslagerstätten für den Abbau im wesentlichen auf der Grundlage von C_1-Vorräten und über den Verzicht auf den Nachweis von A-Vorräten zur Überführung von Erdgas- und Gaskondensatlagerstätten in den Abbau[1]);

e) einer breiten praktischen Anwendung der industriellen Versuchsförderung auf den Erdgas- und Gaskondensatlagerstätten;

f) der Genehmigung der notwendigen Investitionsmittel für die Such- und Erkundungsarbeiten in einem solchen Umfang, der die Erfüllung der Planaufgaben für die Steigerung der Gasgewinnung gewährleistete;

g) des Vorliegens wissenschaftlicher Prognosen der Erdgasführung des Territoriums der UdSSR als objektiv notwendiger Voraussetzung sowohl für die Schaffung einer großen Rohstoffbasis der Gasindustrie als auch für ihre zukünftige Erweiterung.

Im folgenden werden die wichtigsten Ergebnisse der Such- und Erkundungsarbeiten auf Erdgas betrachtet.

Die Schaffung einer umfangreichen Rohstoffbasis der Gasindustrie der UdSSR

Der gegenwärtige Stand an erkundeten Gasvorräten und der Zuwachs für 1969 sind in Tab. 2 dargestellt. Die Erfolge bei der Vergrößerung der Vorräte in den letzten Jahren konnten in erster Linie durch die geologischen Arbeiten in den östlichen Gebieten der UdSSR erzielt werden. Damit wurde auch der Bau einer großen Gasleitung (Länge 2500–3500 km) erforderlich, um die großen Erdgaslagerstätten in Westsibirien und in Mittelasien mit dem Ural und den Industriezentren im europäischen Teil der UdSSR zu verbinden. Die geographische Verteilung der erkundeten Gasressourcen ist in Tab. 3 dargestellt.

In einigen Gebieten des europäischen Teils der UdSSR, im nördlichen Kaukasus, in dem unteren Wolgagebiet, im baschkirischen Uralgebiet sowie auch in der Ukraine traten bestimmte Schwierigkeiten bei der Realisierung von Prognosen der Erdgasführung auf. Hier erwiesen sich die Lagerungsverhältnisse komplizierter, als man in den ersten Stadien der Such- und Erkundungsarbeiten angenommen hatte. Diese Schwierigkeiten — obwohl sie die Gasgewinnung in einer Reihe wichtiger Gebiete einschränken — verringern jedoch in keiner Weise die großen Gesamterfolge bei der Vorbereitung von Erdgasvorräten.

Die Schaffung von Voraussetzungen für die weitere Steigerung der erkundeten Erdgasvorräte

Durch die geologischen Erkundungsarbeiten ergaben sich große Perspektiven für eine Erdgasführung im westlichen und östlichen Sibirien, in Mittelasien sowie im Osten des europäischen Teils der UdSSR (ASSR der Komi und dem Orenburger Gebiet). Gleichzeitig wurde die Perspektivität für eine Gasführung des gesamten mächtigen Profils der sedimentären Bildungen vom oberen Präkambrium bis einschließlich Pliozän festgestellt.

[1]) Die Anwendung dieser Festlegungen in der Praxis erbrachte — bei geringen Ausgaben für das Erkundungsbohren — sehr gute Ergebnisse in der Vorbereitung erkundeter Erdgasvorräte im N des Gebiets von Tjumen, im Mündungsgebiet des Jenissei (Krasnojarsker Bezirk) und in anderen Gebieten.

Tab. 2. Untersuchungsgrad der Territorien der UdSSR und erkundete Gasvorräte der Klassen A + B + C_1

Unionsrepublik, Gebiete	Perspektivische Fläche T km²	Gesamtumfang d. Bohrungen 1920–1969 Tm	Dichte der Erkundungsbrg. m/km²	Vorratsstand zum 1. 1. 69 Mrd. m³	Vorratszuwachs für 1969 Mrd. m³	Vorratsstand zum 1. 1. 70 Mrd. m³
UdSSR	11135,2	87657,0	7,8	9470,3	2784,5	12091,8
davon:						
Europäische Gebiete	1365,6	58986,2	43,0	2165,2	578,0	2628,1
RSFSR	8765,5	55881,7	6,4	6917,8	2448,0	9296,0
ASSR der Komi	254,6	1978,1	7,8	238,1	150,0	382,6
Baschkirische ASSR	95,3	7626,8	80,2	53,0	2,0	54,4
Gebiet Perm	118,7	3037,2	25,6	38,8	2,0	40,0
Gebiet Kuibyschew	53,7	4967,5	92,5	5,2	1,0	6,1
Gebiet Orenburg	91,9	2872,5	31,3	238,1	300,0	537,4
Gebiet Saratow	100,2	2588,2	25,8	75,1	2,0	73,0
Gebiet Wolgograd	88,4	2723,7	30,8	84,5	7,0	87,6
Bezirk Krasnodar	82,4	5610,9	68,2	390,1	2,0	364,7
Bezirk Stawropol	70,5	2675,6	38,0	230,9	8,0	223,0
Tschetscheno-Inguschische ASSR	16,0	4614,0	289,0	8,3	–	8,3
Dagestanische ASSR	28,0	1677,6	60,0	36,7	11,0	46,1
Gebiet Sachalin	62,6	2315,1	36,3	66,8	5,0	71,5
Sibirien*)	5477,7	6196,2	1,1	5431,6	1955,0	7377,5
Übrige Gebiete der RSFSR	2225,5	6998,3	3,1	21,4	3,0	23,8
Ukrainische SSR	283,9	7915,7	28,0	694,2	84,0	725,9
Aserbaidshanische SSR	36,6	9906,2	272,0	51,6	5,0	54,2
Kasachische SSR	1119,0	3739,0	3,3	182,0	2,0	182,9
Mittelasien	715,7	8030,6	11,2	1624,7	244,5	1831,8
Usbekische SSR	201,0	3366,5	16,8	712,3	47,0	730,1
Turkmenische SSR	468,2	3412,9	7,3	864,8	195,0	1052,5
Tadshikische SSR	29,9	536,1	18,0	31,6	1,5	32,5
Kirgisische SSR	16,6	725,1	43,7	16,0	1,0	16,7
Grusinische SSR	34,5	685,9	19,8	–	1,0	1,0
Armenische SSR	10,9	106,3	9,8	–	–	–
Übrige Gebiete der UdSSR	169,1	1391,6	8,3	–	–	–

*) Vorratsstand zum 1. 1. 70 (Mrd. m³): Gebiet Tjumen – 6773,8; Gebiet Tomsk – 233,5; Jakutische ASSR – 276,7

Der Nachweis der nach ihren Vorräten einmaligen Erdgas- und Gaskondensatlagerstätten schafft die notwendigen Bedingungen zur Erfüllung der Auflagen für den Zuwachs an Gasvorräten in der folgenden Fünfjahrplanperiode allein schon durch die vollständige Erkundung dieser Lagerstätten. Gegenwärtig sind außer den bereits früher in Abbau genommenen drei großen Lagerstätten (Gasli, Schebelinsk und Nordstawropol) noch 24 Lagerstätten mit Gesamtvorräten von 18 bis 19 Bill. m³, von denen 8 Bill. m³ bereits erkundet sind (Tab. 4), nachgewiesen worden.

Als Grundlage für die Planung der Such- und Erkundungsarbeiten auf Erdgas dienen bekanntlich prognostische Vorräte. Ihre Einschätzung erfolgt durch wissenschaftliche Forschungseinrichtungen auf der Grundlage des Erforschtheitsgrads des Territoriums zu einem bestimmten Zeitpunkt, wie er sich aus der geophysikalischen Erkundung sowie aus Stütz-, Parameter-, Such- und Erkundungsbohrungen ergibt. Eine solche Einschätzung der prognostischen Erdgasvorräte erfolgte erstmals im Jahre 1957. Sie wurden zu 11,2 Bill. m³ ermittelt. Diese Zahl ist kleiner als die Höhe der gegenwärtig vorhandenen erkundeten Vorräte.

Die letzte Berechnung der prognostischen Gasvorräte für das Gesamtterritorium erfolgte zu Beginn des laufenden Fünfjahrplans. Die Einschätzung ergab 60 Bill. m³. Die potentiellen Gasressourcen oder — wie sie gegenwärtig genannt werden — die ursprünglichen prognostischen Vorräte (d. h. die prognostischen Vorräte plus den nach der gültigen Klassifikation berechneten sowie den ausgebrachten Vorräten) betragen 67,5 Bill. m³.

Unter Berücksichtigung der in Westsibirien, in der ASSR der Komi und im Orenburger Gebiet nachgewiesenen Lagerstätten betragen gegenwärtig die ursprünglichen prognostischen Erdgasvorräte nach vorläufiger Einschätzung 83 Bill. m³.

Der Nachweis erdgasführender Gebiete, Bezirke und produktiver gasführender Schichten

Früher wurde angenommen, daß sich Erdöl und Erdgas immer gleichzeitig und unter den gleichen natürlichen Verhältnissen bilden und daß ihre räumliche Differenzierung nur durch Migrationsvorgänge bedingt sei. Gegenwärtig zeigen aber immer mehr Untersuchungsergebnisse, daß Erdgas — außer gemeinsam mit Erdöl — auch in solchen Schichten der Erdrinde (unter natürlichen Bedingungen) gebildet wird, in denen eine Erdölbildung nicht erfolgt bzw. nur schwach entwickelt ist. Die natürlichen Bedingungen einer Erdgasbildung sind im Vergleich zu Erdöl bedeutend vielfältiger. Eine Analyse der Verbreitung der Gasressourcen in der Erdrinde zeigt, daß die Entstehung großer Erdgasgebiete und -bezirke oft mit der Gasbildung in Schichten verbunden ist, die bedeutende Mengen organischer Stoffe der Kohlenreihe enthalten. Mit anderen Worten: Die Verbreitung der Erdgasressourcen in sedimentären Schichten wird in einer Reihe von Fällen durch die

Zeitschrift für angewandte Geologie, Bd. 17 (1971), Heft 8

Zusammensetzung der überdeckten organischen Substanz gesetzmäßig bestimmt. Gegenwärtig sind folgende erdgas- und gaskondensatführende Gebiete nachgewiesen: Ust-Jenissei; Beresow; Wuktyl im Timan—Petschorsker erdöl-erdgas-führenden Gebiet; Südorenburg; Jeisko—Beresansk im Bezirk Krasnodar; Nordstawropol; Schebelinsk im E der Urkaine u. a.

Ferner wurden Erdgas-, Gaskondensat- und Erdöl-Erdgas-Lagerstätten in einer Reihe erdöl-erdgas-führender Gebiete und Bezirke aufgeschlossen: in den Gebieten von Saratow und Wolgograd, in Aserbaidshan, in Dagestan, in den westlichen Bezirken der Turkmenischen SSR, in den westlichen Bezirken der Ukraine, im Nordteil von Sachalin und an anderen Stellen. Hinsichtlich der Erdgasvorräte und der Perspektiven für eine Vorratserweiterung steht das erdgasführende Gebiet von Nordtjumen im Landesmaßstab an erster Stelle. Am Schichtenaufbau dieses Gebiets sind beteiligt: eine kontinentale Schicht sandig-toniger Ablagerungen der Tjumen-Folge (Unterer und Mittlerer Jura), eine marine Schicht des Oberen Juras und der Unterkreide, kontinentale sandig-tonige Bildungen von Alb—Cenoman, überdeckt von marinen tonigen Ablagerungen des Turons und Paläogens, die wiederum im allgemeinen von quartären Bildungen überlagert sind. Die Produktivität von Cenoman und Valendis wurde bereits nachgewiesen, während die Tjumen-Folge bisher noch nicht durch Bohrungen hinreichend untersucht wurde. Es kann angenommen werden, daß in dieser Folge sowohl Gaskondensat- als auch Erdöllager angetroffen werden.

Auf der Fläche von Urengoj ergab sich aus Sandsteinen des Valendis aus einer Teufe von 3014 bis 3030 m ein industrieller Gaszufluß in Höhe von etwa 800000 m³/Tag. Auf der Gubkiner Fläche ergab sich aus den gleichen Schichten ein industrieller Erdölzufluß. Folglich kann angenommen werden, daß die marine Abfolge des Oberen Juras und der Unterkreide erdöl-erdgasführend sein wird.

Die Abfolge der kontinentalen Sandsteine des Oberen Cenomans ist im wesentlichen erdgasführend; das Auftreten von Erdölsäumen auf der Gaslagerstätte von Tasowsk und der Lagerstätte „Russkoje" verändert nicht die grundsätzliche Einschätzung dieser Schichten. Hier wurden 13 Gaslagerstätten (Urengoj, Sapoljarnoje, Medweshje, Gubkinskoje u. a.) sowie zwei Erdöl-Erdgas-Lagerstätten aufgeschlossen, deren Gasvorräte auf mehr als 10 Bill. m³ geschätzt werden (gegenwärtig sind etwa 7 Bill. m³ erkundet).

Alle Lager vom Massivtyp sind an große Antiklinalfalten mit submeridionalem Streichen gebunden. Die Höhe der Speicher beträgt 100 bis 300 m, ihre Füllung im Mittel etwa 80%. Die erdgasführende Fläche der Lagerstätten umfaßt 350 bis 2200 km². Viele Wissenschaftler, darunter auch der Verf., verbinden die Erdgasanreicherung in dieser Schicht mit humosen organischen Stoffen, die stark am Aufbau der Ablagerungen dieser Schicht beteiligt sind. Bei der Metamorphosierung dieser organischen Stoffe müssen sich, wie Berechnungen ergaben, bis zu 400 Bill. m³ Methan bilden. Diese Gasmenge ist mehr als ausreichend, um alle bekannten Strukturen und Speicher, die zukünftig aufgeschlossen werden können, auszufüllen und um den gegenwärtigen Grad der Gassättigung der Schichtwässer weiter zu gewährleisten. Es kann begründet angenommen werden, daß die gegenwärtig bestehenden Erdgaslager im Ergebnis der Absonderung des in den Schichtwässern gelösten Gases am Ende des Neogens oder eventuell am Beginn des Antropogens entstanden sind. In dieser Zeit war dieses gesamte Gebiet eine große Erhebung; es konnten sich folglich günstige Verhältnisse zwischen der Elastizität der gelösten Gase und den Schichtdrücken in den Strukturfallen einstellen.

Im Mündungsgebiet des Jenissei wurden innerhalb des westlichen Teils der Jenissei—Chatanger Syneklise im Jahre 1967 die Gaslagerstätte Messojachskoje und 1969 die Gaslagerstätten Soleninskoje, Poljatkinskoje, Kasanzewskoje und Osernoje aufgeschlossen. Auf der Lagerstätte Messojachskoje sind Schichten des Cenomans, auf den anderen Strukturen die des Valendis gasführend. Die Gesamtvorräte der nachgewiesenen Lagerstätten betragen etwa 400 Mrd. m³ (zum 1. Jan. 1970 waren insgesamt 80 Mrd. m³ erkundet).

Das erste Erdgas aus der Lagerstätte Messojachskoje wurde bereits mit der Pipeline von Messojacha nach Norilsk geliefert. Im Beresowsker Erdgasgebiet, im W der Tafel, wurden 21 Erdgaslagerstätten mit Gesamtvorräten von etwa 200 Mrd. m³ aufgeschlossen. Die größte von ihnen ist die Lagerstätte Punginskoje, wo die Erstberechnung der erkundeten Vorräte eine Menge von 60 Mrd. m³ ergab. Das Erdgas dieser Lagerstätte wird dem Uralgebiet zugeführt.

Im Gebiet von Tomsk wurden neben Erdöllagerstätten die Gaskondensatlagerstätten Myldshinskoje, Ust-Silginskoje und andere mit Gesamtvorräten von 233 Mrd. m³ aufgeschlossen. Ein Teil dieser Vorräte liegt in den Gaskappen von Erdöl-Erdgas-Lagerstätten

Tab. 3. Geographische Verteilung der erkundeten Gasvorräte der UdSSR

	1956		1961		1966		1970	
	Mrd. m³	%	Mrd. m³	%	Mrd. m³	%	Mrd. m³	%
UdSSR	691,9	100	2336,1	100	3565,9	100	12091,8	100
davon:								
Europäische Gebiete	642,2	92,8	1591,0	68,2	1802,5	50,6	2628,1	21,8
Westsibirien	4,1	0,6	50,2	2,1	455,1	12,8	7087,9	58,6
davon:								
Gebiet Tjumen	4,1	0,6	50,2	2,1	400,8	11,2	6853,8	57,0
Ostsibirien und Ferner Osten	4,8	0,7	32,6	1,4	146,8	4,1	361,1	2,9
davon:								
Jakutien	–	–	20,8	0,9	77,5	2,2	276,7	2,3
Mittelasien und Westkasachstan	40,8	5,9	662,3	28,3	1161,5	32,5	2014,7	16,7

Tab. 4. Vorräte großer Gaslagerstätten (mit mehr als 100 Mrd. m^3), die am 1. Jan. 1970 noch nicht im Abbau standen

Lagerstätte	Bilanzvorräte der Klassen A + B + C_1	Lagerstättenvorräte einschl. Klasse C_2
Orenburgskoje	504,0	900
Wuktylskoje*)	347,0	500
Sapoljarnoje	1570,0	1620
Gubkinskoje	352,6	353
Urengoiskoje	2431,0	7–8000
Medweshje	1548,0	1760
Arktitscheskoje	5,0	180
Wyngapurowskoje	10,0	200
Myldshinskoje	91,6	100
Sredne-Wiljuiskoje	189,9	250
Maastrachskoje	32,0	180
Jefremowskoje*)	85,2	130
Kandymskoje	35,0	108
Urtabulakskoje	32,0	153
Atschakskoje*)	160,0	165
Saman–Tepenskoje	105,0	120
Beurdeschikskoje	–	104
Schechitlinskoje	162,0	400
Piljatkinskoje	45,0	200
Sewero-Komsomolskoje	50,0	600
Jubileinoje (Geb. Tjumen)	50,0	2000
Jushno-Russkoje	–	500
Komsomolskoje	378,0	380
Soleninskoje	6,0	150

*) Lagerstätten in industrieller Versuchsförderung

(Luginezkoje, Kasanzewskoje u. a.). Das Erdgas aus dem Tomsker Gebiet soll der Gasversorgung von Tomsk, Nowosibirsk und Kemerowo dienen.

Im Ust-Wiljuisker Erdgasgebiet in der Jakutischen ASSR wurden die Gaskondensatlagerstätten Sredne-Wiljuiskoje, Maastachskoje, Badaranskoje, Ust-Wiljuiskoje und andere, deren Vorräte mit mehr als 450 Mrd. m^3 eingeschätzt werden, aufgeschlossen. Der Stand der erkundeten Vorräte am 1. Jan. 1970 betrug hier 277 Mrd. m^3. Es handelt sich um Mehrschichtlagerstätten. Die Gashorizonte sind an jurassische und triassische Schichten gebunden.

Im Jahre 1969 wurde die Erdgasführung der permischen Ablagerungen bestätigt. Die Such- und Erkundungsarbeiten haben einen geringen Umfang — jährlich 22000 bis 25000 m Tiefbohrungen. Innerhalb dieses Erdgasgebiets ist ein großer Teil der perspektivischen Systeme — große Teile des ganzen Paläozoikums, des oberen Proterozoikums und einzelner Komplexe des Oberen Juras und der Kreide — noch nicht durch Tiefbohrungen untersucht worden. Das Erdgasgebiet am Amudarja umfaßt die erdgasführenden und perspektivischen Gebiete des östlichen und nördlichen Turkmeniens sowie auch die westlichen Gebiete von Usbekistan. Hier wurden in Schichten der Kreide große Erdgaslager auf den Lagerstätten Gasli, Atschakskoje, Nord-Atschakskoje, Schechitlinskoje, Bairam-Ali u. a. aufgeschlossen. Die Vorräte der Kreidelager betragen mehr als eine Bill. m^3. Das Gas ist fast reines Methan mit einem geringen Anteil Kondensat.

Erdgaslager wurden auch in Karbonatgesteinen des Oberen Juras angetroffen. Das Gas ist schwefelwasserstoffhaltig. In diesem Schichtkomplex wurden Erdgaslager auf den Lagerstätten Kultak, Urtabulakskoje, Adamtaschskoje, Saman—Tepenskoje u. a. aufgeschlossen. Es bestehen begründete Aussichten für einen weiteren Vorratszuwachs an Gas sowohl in den obengenannten Schichtkomplexen als auch in älteren — im Mittleren und Unteren Jura — und auch in permotriassischen Schichten. In der letzten Zeit haben sich die Perspektiven der Erdgasführung der Timano—Petschorsker Erdöl-Erdgas-Provinz (ASSR der Komi und das Gebiet von Archangelsk) stark erhöht. Bekanntlich wurde hier auf der Gaskondensatlagerstätte Wuktylskoje mit einer industriellen Versuchsförderung begonnen. Die Gasführung ist an karbonatische Schichten des Unteren Perms sowie des Oberen, Mittleren und Unteren Karbons gebunden. Die südlicher dieser Lagerstätte (auf den Flächen von Rassochinsk und Kurinsk in den gleichen Systemen) und nördlich von ihr (auf den Flächen von Petschora—Koshwinsk und Petschora—Gorod) festgestellte Erdgasführung ist an das Mittlere Devon gebunden. Die Erdgasführung des Devons war bereits schon früher aus weiter westlich gelegenen Gebieten — aus dem südöstlichen Absenkungsgebiet des Timansker Höhenzugs — bekannt. Hier wurde eine Gruppe kleinerer Erdgaslagerstätten nachgewiesen, die hinsichtlich einer Förderung nur eine geringe Bedeutung haben.

Im Jahre 1969 ergab sich aus terrigenen Schichten des Oberen Perms ein industrieller Erdgaszufluß auf der Wasilkowsker Fläche (Gebiet von Archangelsk). Diese Lagerstätte ist vermutlich sehr groß. Die Erdgasführung dieses Gebiets umfaßt einen sehr breiten stratigraphischen Bereich — von Schichten des Unteren Paläozoikums (eventuell der oberen Folge des Proterozoikums) bis einschließlich Mesozoikum. Unzweifelhaft wird hier in der nächsten Zukunft eine der größten Rohstoffbasen für die Gasindustrie in der UdSSR geschaffen werden.

Der Aufschluß der großen Gaskondensatlagerstätte von Orenburg hat die Perspektiven der Erdgasführung der südöstlichen Gebiete des europäischen Teils der UdSSR und insbesondere der nördlichen Randteile und der angrenzenden Bereiche der Kaspischen Senke sowie auch der daran anschließenden Randgebiete des Urals bedeutend erhöht. Hier ist der Aufschluß einiger großer struktureller Hebungen mit annähernd ost—westlicher Streichrichtung (Irtek—Ilezkoje u. a.) vorgesehen. Der Nachweis ihrer Gasführung ist eine erstrangige Aufgabe für die nächste Zukunft. Die Perspektiven für eine Erdgasführung des Devons und möglicherweise auch älterer Bildungen sind hier nicht eingeschätzt worden.

Im E der Ukraine wurden 1969 die Lagerstätten Milkowskoje, Oposchnjanskoje, West-Medwedowskoje, Wolochowskoje und Kremenowskoje aufgeschlossen, deren Vorräte jedoch relativ gering sind. Der Aufschluß dieser Lagerstätten hat jedoch große Bedeutung, weil sie in der Nähe von Pipelines liegen, wodurch sie in kurzer Zeit in die industrielle Versuchsförderung übernommen werden können. Es muß erwähnt werden, daß gerade in der Ukraine die größte Anzahl von Lagerstätten in eine solche Versuchsförderung übernommen wurden.

Von größtem Interesse sind die ersten Aufschlüsse (Lagerstätten Astachowskoje und Gratschikskoje) in den nördlichen Gebieten des Donezbeckens, in den sogenannten Vor- und Zwischentransgressionszonen. Die

Erdgaslager sind hier an terrigene Gesteine des Unteren Karbons gebunden. Die Bohrungen haben insgesamt 100000 bis 200000 m³ bei Teufen um 1500 m erschlossen; das Gas ist Methan. Der Aufschluß dieser Lagerstätten in einem neuen Gebiet des europäischen Teils der UdSSR hat eine große ökonomische Bedeutung, weil sie in der Nähe von Großverbrauchern an Erdgas liegen.

In den nachgewiesenen Erdgasgebieten Timano—Petschora, Leno—Wiljui, und auch in Nordtjumen, Ust-Jenissei und Orenburg kann zukünftig begründet eine Vergrößerung der erkundeten Gasvorräte erwartet werden. Hier sind die Gesetzmäßigkeiten der Verbreitung der Erdgasvorräte erkannt; ferner liegt eine zuverlässige Methodik der Feldvorbereitung für das Such- und Erkundungsbohren vor. Man kann feststellen, daß der Umfang und das Tempo der Vorbereitung von Vorräten hier von den Investitionen für die Such- und Erkundungsarbeiten auf Erdgas abhängen.

Bei einigen perspektivischen Erdgasgebieten Mittelasiens, insbesondere bei der Gassuche im präsalinaren Komplex des Oberen Juras, treten bestimmte Schwierigkeiten bei der Feldvorbereitung für Tiefbohrungen auf. Deshalb müssen hier die methodischen Arbeiten zur Erhöhung der Effektivität geophysikalischer Erkundungsmethoden verstärkt werden.

Der europäische Teil der UdSSR ist als ein perspektivisches Territorium mit prognostischen Vorräten in Höhe von mehr als 14 Bill. m³ einzuschätzen. Hier wurden die Perspektiven für eine Erdgasführung der tieflagernden Horizonte (4500 bis 5000 m und tiefer) in der Dnepr—Donez-Senke, im nördlichen Kaukasus und auch längs des Randabbruchs der Kaspischen Senke ermittelt. Ein weiterer Vorratszuwachs ist gebunden an den Aufschluß von Erdgaslagern in auskeilenden Schichten und in kompliziert gebauten Fallen der inter- und präsalinaren Schichten.

Im Rahmen der obengenannten Gebiete ist eine große Perspektivität für eine Erdgasführung innerhalb der Aquatorien des Asowschen und des Schwarzen Meeres festgestellt worden; Bewertungsarbeiten werden in der Ostsee durchgeführt. Wenig untersucht auf ihre Erdgasführung wurden bisher ein großes Territorium westlich des Timaner Höhenzugs und eine Reihe von Gebieten der Moskauer Syneklise. Der Nachweis der prognostischen Vorräte wird ermöglichen, zukünftig die Rohstoffbasis der Gasindustrie bedeutend zu erweitern.

In der UdSSR wurden die Rohstoffbasis für eine Gasverarbeitungsindustrie geschaffen und die geologischen Voraussetzungen für ihre weitere Vergrößerung geklärt. In der letzten Zeit wurde eine große Anzahl von Lagerstätten aufgeschlossen, deren Gasvorräte große Mengen von Äthan, Propan, Butan sowie auch Kondensat enthalten. Auf der Lagerstätte Wuktyl erreicht der Anteil an stabilem Kondensat Werte bis zu 350 g/m³, auf der Lagerstätte Orenburg 80 g/m³ und im Valendislager der Lagerstätte Urengoj 235 g/m³.

Ferner treten in den Gasen einer Reihe von Lagerstätten auch Schwefelwasserstoff und Helium auf. Berechnungen haben ergeben, daß auf der Grundlage der Schwefelwasserstoffverarbeitung eine Produktion von elementarem Schwefel ökonomisch rentabler ist als die Gewinnung aus mineralischen Rohstoffen.

Diese Ausführungen zeigen, daß gegenwärtig eine große, zuverlässige Rohstoffbasis für die Gasindustrie und wissenschaftlich begründete Voraussetzungen für ihre weitere Vergrößerung in dem notwendigen Umfang geschaffen werden.

Iwan Michailowitsch Gubkin

Der Begründer der sowjetischen Erdölgeologie

A. A. BAKIROW, Moskau, H. PÄTZ, Freiberg, & G. E. RJABUCHIN, Moskau

1. Einführung

In der UdSSR wurden 1970 353 Mill. t Erdöl und über 200 Mrd. Kubikmeter Erdgas gefördert. Die Sowjetunion nimmt damit die zweite Stelle in der Erdöl- und Erdgasförderung der Welt ein. Im Entwurf der Direktiven des XXIV. Parteitags der KPdSU zum Fünfjahrplan 1971—1975 ist eine Steigerung der Erdölförderung auf 480 bis 500 Mill. t vorgesehen. Die Erdgasförderung soll in diesem Zeitraum auf 300 bis 320 Mrd. Kubikmeter erhöht werden. Diese Erfolge der sowjetischen Erdöl- und Erdgasindustrie sind eng mit der zielstrebigen Entwicklung der sowjetischen Erdölgeologie zur selbständigen Wissenschaft sowie mit ihrer bewußten Nutzung in der sozialistischen Praxis verbunden. Damit steht der Name IWAN MICHAILOWITSCH GUBKINs als Begründer und Förderer der sowjetischen Erdölgeologie im direkten Zusammenhang.

In diesem Jahr wird in der UdSSR der 100. Geburtstag I. M. GUBKINs feierlich begangen. Das Sowjetvolk ehrt einen Großen seiner Gelehrten, der als Wissenschaftler und Kommunist den neuen Typ der sozialistischen Intelligenz verkörperte und wesentlich zur Ausbildung und Erziehung einer neuen Generation von Erdölgeologen beigetragen hat. Sowjetische Erdölgeologen sind heute in vielen Ländern der Erde

Iwan Michailowitsch Gubkin

Eingang des Manuskripts in der Redaktion: 9. 3. 1971.

tätig, sie unterstützen auch die Geowissenschaftler der DDR bei der Suche und Erkundung von Kohlenwasserstofflagerstätten. So ist das enge freundschaftliche Verhältnis zwischen der Sowjetunion und der Deutschen Demokratischen Republik Anlaß, das Leben und Wirken IWAN MICHAILOWITSCH GUBKINS umfassend zu würdigen. Dabei wollen wir vor allem die großen Verdienste GUBKINS bei der Entwicklung der theoretischen Grundlagen der Erdölgeologie sowie neuer erdölgeologischer Methoden zur Bewertung der Kohlenwasserstoffhöffigkeit und der Erkundung großer Untersuchungsgebiete und ihre ständige Überprüfung in der Praxis besonders hervorheben.

2. Der Lebensweg I. M. Gubkins

Am 22. September 1871 wurde I. M. GUBKIN im Dorf Pozdnjakow in der Nähe von Murom im Gouvernement Wladimir als Sohn eines armen, ungebildeten Bauern geboren. In seiner Kindheit mußte I. M. GUBKIN die bittere Schule eines Dorfarmen durchmachen. Trotz des harten Lebens auf dem Dorfe war es I. M. GUBKIN vergönnt, eine Schulbildung zu erhalten. Nach Abschluß seines Studiums an einem Lehrerseminar im Jahre 1889 war I. M. GUBKIN sechs Jahre als Dorfschullehrer in Karatscharowo tätig. 1895 ließ sich I. M. GUBKIN an der Pädagogischen Hochschule im damaligen Petersburg immatrikulieren. Das Pädagogikstudium beendete er 1898. Danach war I. M. GUBKIN Lehrer an einer städtischen Lehranstalt. Als 32jähriger wurde I. M. GUBKIN 1903 Student der Petersburger Bergakademie (gegenwärtig Leningrader Hochschule für Bergbau). Dieses Studium schloß er 1910 als Bergingenieur ab.

In seiner Jugendzeit beschäftigte sich I. M. GUBKIN nicht nur mit geologischen Problemen. Er war gleichzeitig Mitglied marxistischer Zirkel und sympathisierte mit Mitgliedern der Organisation „Bund des Kampfes zur Befreiung der Arbeiterklasse". Von 1910 bis 1919 beschäftigte sich I. M. GUBKIN mit der Untersuchung des geologischen Baus und der Erdöl- und Erdgasführung des nördlichen Kaukasus und Vorkaukasus, der Halbinsel Taman und Aserbaidshans. Diese Untersuchungen wurden durch den Aufschluß größerer Erdöllagerstätten erfolgreich abgeschlossen.

Im Sommer 1917 weilte I. M. GUBKIN, damals schon ein bekannter Wissenschaftler, in den USA. Gemeinsam mit einigen Fachleuten aus Bergbaubetrieben studierte er die Verhältnisse der Erdölwirtschaft in den USA. Als GUBKIN in den USA vom Sieg der Oktoberrevolution in Rußland erfuhr, kehrte er ohne Verzögerung über Murmansk nach Moskau zurück.

Nach dem Sieg der Oktoberrevolution setzte sich I. M. GUBKIN sehr aktiv für die Einrichtung eines geologischen Dienstes der Erdölindustrie Sowjetrußlands ein. Während dieser Zeit hatte I. M. GUBKIN durch seine Tätigkeit einen engen Kontakt mit W. I. LENIN. Er schrieb einmal darüber: „Ich war glücklich, daß WLADIMIR ILJITSCH als Volkskommissar die Zeit fand, sich für die Geologie zu interessieren und der geologischen Wissenschaft zur Verfügung zu stehen."

Auf Empfehlung W. I. LENINS wurde I. M. GUBKIN Leiter des Komitees der Schieferwirtschaft sowie Mitglied des Kollegiums des Hauptkomitees für Erdöl.

In den ersten Jahren nach der Oktoberrevolution erwarb sich I. M. GUBKIN vor allem durch die intensive geologische Bearbeitung Aserbaidshans, dem damals wichtigsten Erdölfördergebiet des Landes, große Verdienste. Er war aktiv bei der Verwirklichung der von der Partei und Regierung beschlossenen Maßnahmen zur Wiederherstellung und Entwicklung der aserbaidshanischen Erdölindustrie beteiligt.

Infolge der imperialistischen Intervention und des Bürgerkriegs waren in den ersten Jahren des Bestehens der Sowjetmacht in Rußland die Erdölgebiete von Baku und Grosny zeitweilig von Zentralrußland abgeschnitten. Deshalb widmete W. I. LENIN der Erkundung und dem Aufschluß neuer Erdöllagerstätten in damals noch nicht untersuchten Höffigkeitsgebieten, wie z. B. im Wolgagebiet oder im Timan—Petschora-Becken große Aufmerksamkeit, er betraute I. M. GUBKIN mit der Wahrnehmung dieser Aufgaben.

Im März 1921 wurde I. M. GUBKIN Mitglied der Allrussischen Kommunistischen Partei der Bolschewiki (WKP/B). Bei der Aufnahme als Mitglied sagte I. M. GUBKIN über sich selbst: „Ich bin Wissenschaftler, mein Platz ist in der Partei, die das Leben vorwärtsbringt ...", und weiter: „Ich wurde noch vor 1917, d. h. vor der proletarischen Revolution, Wissenschaftler. Formal sozusagen im Sinne der Angaben zur Person ist dies auch so. Ein wahrer Wissenschaftler, der alle seine Kräfte und Fähigkeiten vollkommen entfalten konnte, wurde ich erst durch die Sowjetmacht."

Die wissenschaftliche und wissenschaftsorganisatorische Tätigkeit I. M. GUBKINS war sehr vielseitig. So war I. M. GUBKIN in der Zeit von 1920 bis 1925 auf Empfehlung W. I. LENINS Vorsitzender und wissenschaftlicher Leiter einer Sonderkommission zur geologischen Untersuchung der Kursker Magnetanomalie. Damals konnte ein unmittelbarer Zusammenhang zwischen der Anomalie und einer Ablagerung von Eisenquarziten und Eisenerzen gewaltigen Ausmaßes nachgewiesen werden.

Gegenwärtig ist im Bereich der Kursker Magnetanomalie, dort wo in den zwanziger Jahren die geologischen Erkundungen einsetzten und 1923 das erste Erz gewonnen wurde, eine der reichsten Eisenerzlagerstätten der Erde erschlossen worden. In diesem Gebiet entstand auch eine neue Stadt, die den Namen „Gubkin" trägt.

Mit dem Namen I. M. GUBKINS sind auch der Nachweis und Aufschluß der bedeutendsten Erdöl- und Erdgasprovinz der Sowjetunion zwischen den Flüssen Wolga und Ural eng verbunden.

Gemeinsam mit führenden Erdölgeologen seiner Zeit hat I. M. GUBKIN kühne Prognosen über die Erdöl- und Erdgasführung Sibiriens und Mittelasiens gestellt, die sich in unserer Zeit durch die Neuaufschlüsse großer Erdöl- und Erdgaslagerstätten in diesen Gebieten bestätigten.

Mehrere Jahre leitete I. M. GUBKIN den „Geologischen Dienst" des Landes, wobei er einen großen persönlichen Anteil an der Entwicklung der geophysikalischen Lagerstättenerkundung hatte. Von 1930 bis 1936 war I. M. GUBKIN Vorsitzender des Rates zur Untersuchung der Produktivkräfte der UdSSR. Im Jahre 1931 wurde I. M. GUBKIN zum ordentlichen Mitglied der Akademie der Wissenschaften der UdSSR gewählt. 1936 übernahm er die verantwortungsvolle Funktion des Vizepräsidenten der Akademie der Wissenschaften der UdSSR, und gleichzeitig war er Sekretär der aserbaidshanischen Außenstelle der Akademie der Wissenschaften der UdSSR. Aus dieser Außenstelle ging später die selbständige Akademie der Wissenschaften der Aserbaidshanischen SSR hervor. Als Wissenschaftler und Organisator der erdölgeologischen Ausbildung und Forschung brachte I. M. Gubkin der Vorbereitung und Durchführung der Internationalen Geologenkongresse großes Interesse entgegen. So leitete er 1932 die sowjetische Delegation, die am XVI. Internationalen Geologenkongreß in den USA teilnahm. Der darauf folgende XVII. Internationale Geologenkongreß fand 1937 in Moskau statt; I. M. Gubkin wurde zum Präsidenten dieser bedeutenden wissenschaftlichen Tagung gewählt.

Großen Anteil hatte I. M. Gubkin bei der Errichtung der sowjetischen Institutionen zur Ausbildung von Erdölfachleuten sowie bei der Gründung von speziellen Erdölforschungsinstitutionen. Schon 1920 zum Professor berufen, übte er von 1922 bis 1930 die Funktion des Rektors der Bergakademie Moskau und später des Direktors der Moskauer Erdölhochschule (gegenwärtig Moskauer Hochschule der Erdölchemischen und Gasindustrie MINChiGP) bis zu seinem Tode aus. Gleichzeitig war er von 1924 bis 1939 Direktor des Staatlichen Erdölforschungsinstituts (GINI) bzw. des Instituts für fossile Brennstoffe (IGI), das 1934 aus dem GINI hervorgegangen war.

Von I. M. Gubkin stammen über 150 wissenschaftliche Arbeiten, die sich mit Problemen der allgemeinen und regionalen Geologie, der Tektonik, Stratigraphie und Erdölgeologie sowie mit der Methodik der Suche, Erkundung und des Abbaus von Lagerstätten nutzbarer Rohstoffe, insbesondere von Erdöl- und Erdgaslagerstätten, befassen.

Neben seiner erfolgreichen wissenschaftlichen Tätigkeit, leistete I. M. Gubkin eine umfangreiche staatliche und gesellschaftliche Arbeit. Er gehörte mehrere Wahlperioden hindurch dem Zentralen Exekutivkomitee der UdSSR an. Ferner war er Mitglied des Zentralkomitees und des Präsidiums des ZK der Gewerkschaft „Geologischer Dienst". Von den Werktätigen Bakus wurde I. M. Gubkin 1937 als Abgeordneter des Obersten Sowjets der UdSSR gewählt.

Die wirkungsvolle Forschungs- und Lehrtätigkeit sowie die Einsatzbereitschaft I. M. Gubkins als staatlicher Leiter und seine aktive gesellschaftliche Tätigkeit wurden von der sowjetischen Regierung sehr hoch geschätzt. So wurde I. M. Gubkin der Ehrentitel „Verdienter Wissenschaftler und Techniker" verliehen. Für seine erdölgeologischen Arbeiten erhielt I. M. Gubkin den Leninpreis. Die Verdienste I. M. Gubkins um die Entwicklung der sowjetischen Erdölindustrie wurden mit der Verleihung des Leninordens geehrt. Mit dem Orden des Roten Arbeitsbanners wurde I. M. Gubkin für seine Verdienste bei der Ausbildung von Kadern der Erdölindustrie ausgezeichnet. Damit fand das Lebenswerk I. M. Gubkins eine allseitige Anerkennung durch die Partei- und Staatsführung der UdSSR.

Am 21. April 1939 verstarb I. M. Gubkin in Moskau.

Von I. M. Gubkin waren die Grundlagen für die Entwicklung der sowjetischen Erdölgeologie als selbständiger Wissenschaft geschaffen worden. Durch seine Initiative entstand eine Schule für Erdölgeologen, die sich vor allem mit den Problemen der Erdöl- und Erdgasgenese, -akkumulation sowie mit den Methoden der Suche, Erkundung und Gewinnung der Kohlenwasserstoffe als Wissenschaft unter sozialistischen Gesellschaftsverhältnissen befaßt. Die Verdienste I. M. Gubkins bei der Entwicklung der Erdölgeologie als Wissenschaft sollen im folgenden näher untersucht werden.

3. Der Beitrag I. M. Gubkins zur Klärung der Erdölgenese und der Akkumulationsgesetzmöglichkeiten von Erdöl- und Erdgaslagerstätten

In seinen Arbeiten über den geologischen Bau und die Erdöl- und Erdgasführung des Nordkaukasus, Aserbaidshans und des Wolga—Ural-Gebiets nahm I. M. Gubkin ebenfalls zu den allgemeinen Problemen der Erdölgenese und der Kohlenwasserstofflagerstättenbildung Stellung. Von I. M. Gubkin wurde erstmals festgestellt, daß die Erdöl- und Erdgasbildung sowie die Akkumulation der Kohlenwasserstoffe einen natürlich-historischen Prozeß darstellen, der im unmittelbaren Zusammenhang zur lithologischen und tektonischen Entwicklung der Erdkruste steht. Dieser natürlich-historische Prozeß gliedert sich in folgende Stadien:

Akkumulation der organischen Ausgangssubstanz für die Erdölbildung in den Sedimenten und die Genese der Erdölkohlenwasserstoffe aus der Erdölmuttersubstanz;

Austritt der Kohlenwasserstoffe aus den Erdölmuttergesteinsfolgen in die Speicher und die nachfolgende Migration innerhalb der Speicher (laterale Migration) sowie entlang von Störungen oder Klüften (vertikale Migration);

Akkumulation von Erdöl und Erdgas unter günstigen tektonischen und lithologischen Verhältnissen während der Migration und Bildung von Erdöl- und Erdgaslagern;

Umlagerung und Zerstörung der Erdöl- oder Erdgaslager infolge bestimmter Veränderungen der geologischen Verhältnisse.

Durch seine umfangreichen Untersuchungen wurde I. M. Gubkin zum Anhänger und Verfechter der organischen Genese des Erdöls, wobei er sowohl die pflanzliche als auch die tierische organische Substanz in regionaler Verbreitung als Ausgangsmaterial für die Erdölentstehung annahm. Von I. M. Gubkin wurde ebenfalls die Auffassung über die disperse Verteilung der organischen Substanz in den Sedimenten vertreten. Die Kohlenwasserstoffbildung betrachtete I. M. Gubkin als einen Prozeß, der mit dem Zerfall der organischen Substanz einsetzte und sich bis zur Diagenese des Gesteins fortsetzte. Dabei ging er nicht davon aus, daß nur einer bestimmten Gruppe von chemischen Verbindungen der organischen Substanz eine besondere Bedeutung für die Kohlenwasserstoffgenese zukommt. Vielmehr sah I. M. Gubkin in der Summe aller Verbindungen mit günstigen Kohlenwasserstoffbildungseigenschaften die entscheidende Voraussetzung für die organische Erdölgenese. Den Umwandlungsprozeß der organischen Ausgangssubstanz gliederte I. M. Gubkin in zwei Stadien. Während des ersten Stadiums erfolgt der Zerfall der organischen Substanz im marinen Medium ohne Sauerstoffzutritt und unter Einwirkung der Mikroorganismen. Danach setzt das zweite Stadium als eine langzeitige geochemische Periode in Form einer Regionalmetamorphose der biochemischen Umwandlungsprodukte der organischen Substanz ein.

Dabei vollzieht sich gleichzeitig eine Metamorphose des Einbettungsmediums, wobei Druck, Temperatur und die Zeit in Verbindung mit der Absenkung der Sedimente als Hauptfaktoren der Metamorphose wirken.

I. M. GUBKIN widmete vor allem dem Problem der Erdölmuttergesteine große Aufmerksamkeit. So gelangte er zu der Auffassung, daß für die Erdölbildung die mit organischer Substanz angereicherten tonigen Sedimente der marinen und brackischen Faziesbereiche im besonderen Maße als Erdölmuttergesteine anzusehen sind. Als wesentlichste Kriterien der Muttergesteine betrachtete I. M. GUBKIN den Gehalt an organischer Substanz und den Grad der Bituminisierung des organischen Ausgangsmaterials innerhalb der tonigen Folgen.

Diese Erkenntnisse I. M. GUBKINs über die Genese der Kohlenwasserstoffe haben eine grundlegende Bedeutung. Sie wurden das Fundament der modernen Theorie über die organische Erdölgenese, und in diesem Sinne haben sie auch gegenwärtig nicht an Aktualität verloren, wenn auch weitere spezielle Erkenntnisse in den vergangenen 35 Jahren gewonnen werden konnten.

Entsprechend den einzelnen Stadien des natürlich-historischen Prozesses der Erdölbildung und -akkumulation stehen die Migration und die Gesetzmäßigkeiten der Erdöl- und Erdgaslagerstättenverteilung in einem gesetzmäßigen Zusammenhang zur Genese der Kohlenwasserstoffe. Die gesetzmäßige Akkumulation von Erdöl und Erdgas ist Ausdruck allgemeiner Zusammenhänge unter den spezifischen Bedingungen der geologischen Verhältnisse eines größeren Erdöl-Erdgas-Höffigkeitsgebiets. So erkannte I. M. GUBKIN die Verteilung der Kohlenwasserstoffe in den verschiedenen geologischen Systemen als Folge periodischer Erdölbildungsprozesse im Verlaufe der Entwicklungsgeschichte der Erdkruste an.

Als bestimmende Faktoren für die gesetzmäßige Verteilung betrachtete I. M. GUBKIN die Speichereigenschaften der abdeckenden Schichtenfolgen produktiver Horizonte sowie die Ausbildung von für die Kohlenwasserstoffakkumulation günstigen tektonischen, lithologischen, hydrogeologischen und paläohydrodynamischen Verhältnissen. Die gesetzmäßige Wechselwirkung dieser Faktoren unter besonderer Beachtung der tektonischen Prozesse wurde von I. M. GUBKIN als dialektischer Zusammenhang gesehen und spiegelt sich in seinen Bemühungen um die Schaffung einer Klassifikation der Erdöl- und Erdgaslager nach genetischen Prinzipien als Ausdruck eines erdölgeologischen Akkumulationsgesetzes der Kohlenwasserstoffe wider. Besondere Verdienste erwarb sich I. M. GUBKIN bei der Klassifikation der lithologischen Erdöllagerstättentypen. Seine theoretischen Untersuchungen wurden durch den Aufschluß einer Serie von Strandsaumlagerstätten im Gebiet von Maikop innerhalb der Krasnodarer Region in hervorragender Weise bestätigt. Des weiteren sei darauf hingewiesen, daß I. M. GUBKIN einen großen Beitrag zur Klärung des genetischen Zusammenhangs zwischen dem Schlammvulkanismus und den Erdöl- und Erdgaslagerstätten geliefert hat. Das häufige Auftreten von Schlammvulkanen in Aserbaidshan und im Westen der Krasnodarer Region forderte gerade dazu heraus, dieses Problem zu klären. Dabei konnte I. M. GUBKIN den Schlammvulkanismus im Sinne eines positiven Erdöl- und Erdgaserkundungskriteriums im Gegensatz zu früheren Auffassungen in die Erdölgeologie einführen. Gleichzeitig konnte auch der negative Einfluß des Schlammvulkanismus als lagerstättenzerstörender Faktor eindeutig herausgearbeitet werden. Danach können aber auch andere Faktoren, die im wesentlichen durch tektonische Vorgänge ausgelöst werden, eine Lagerstättenzerstörung bedingen.

Somit war es I. M. GUBKINs Verdienst, den natürlich-historischen Prozeß der Bildung und Verteilung der Erdöl- und Erdgaslagerstätten als System umfassend wissenschaftlich analysiert und begründet zu haben.

4. Die Verdienste I. M. Gubkins um die Prognose der Erdöl- und Erdgasführung großer Höffigkeitsgebiete

Das zaristische Rußland verfügte nur über die Erdöllagerstättenbezirke der Halbinsel Apscheron, Grosnys sowie der Gebiete von Emba und Uchta. Damit war die Ansicht weit verbreitet, daß die Erdöllagerstätten nur in den jüngeren Sedimentfolgen in großen Antiklinalstrukturen vorkämen und alle anderen geologischen Schichtenfolgen als wenig höffig anzusehen seien.

Von G. O. ROMANOWSKIJ, W. N. IWANOW, A. P. PAWLOW u. a. wurde schon in der zweiten Hälfte des 19. Jahrhunderts darauf hingewiesen, daß in einigen Teilen des Wolgagebiets und Westbaschkiriens Erdöllagerstätten erschlossen werden könnten. Allerdings wurden diese Meinungen von einigen Geologen kategorisch unterdrückt und als Phantasterei abgetan. Auch als I. M. GUBKIN die Prognose über die Erdölhöffigkeit des Wolga—Ural-Gebiets stellte, mußte er gegen den Konservatismus einiger Geologen kämpfen. So äußerte der damalige Leiter der Geologischen Kommission in abfälliger Weise über diese Prognose I. M. GUBKINs: „Erdöl am Ural! Das soll keine Utopie sein? Das ist das nächste Abenteuer GUBKINs, ebenso wie sein Kursker Eisen!“ Ähnlich pessimistisch verhielt sich K. N. KALITZKI; er war einer der bedeutendsten Geologen seiner Zeit. Als Leiter der Erdölerkundung in den Wolgabezirken gelangte er zu dem Schluß der Hoffnungslosigkeit, im Wolgagebiet wirtschaftliche Erdölakkumulationen nachzuweisen.

Diesen Konservatismus konnte I. M. GUBKIN nur durch seine hervorragenden Fachkenntnisse und seine wissenschaftsorganisatorischen Fähigkeiten in Verbindung mit seiner festen Überzeugung von der politisch-ökonomischen Notwendigkeit, neue Lagerstätten zu finden, überwinden. Dabei erhielt er durch das Zentralkomitee der Kommunistischen Partei und durch die Sowjetregierung vollste Unterstützung und allseitige Hilfe.

Das wissenschaftliche Fundament für seine überzeugenden Voraussagen der Erdölführung großer Sedimentgebiete schuf sich I. M. GUBKIN durch die Verallgemeinerung der von ihm erzielten erdölgeologischen Untersuchungsergebnisse sowie durch die bewußte Anwendung allgemeiner Untersuchungsmethoden, wozu vor allem die Analogiemethode gerechnet werden muß. Im einzelnen kann dazu festgestellt werden, daß I. M. GUBKIN zum ersten Mal ein System von Kriterien, das für eine wissenschaftlich begründete Erdölhöffigkeitseinschätzung unabdingbar ist, entwickelte. Zu diesen Kriterien rechnete er die Ausbildung von Speicherhorizonten, von abdeckenden Schichtenfolgen sowie das Vorkommen von Fallen und die Existenz günstiger Erdölbildungsbedingungen, d. h. das Vorkommen von Erdölmuttergesteinen. Die wissenschaftliche Verknüpfung dieser Kriterien zu einer umfassenden Methodik der Höffigkeitseinschätzung gelang I. M. Gubkin durch die vergleichende Analyse des regionalen Baues der geotektonischen Großelemente (Tafelvorsenken und Geosynklinalgebiete) des nordamerikanischen Kontinents und der Sowjetunion. Dabei stützte sich I. M. Gubkin auf seine umfangreichen Kenntnisse über den geologischen Bau der Erdöl- und Erdgaslagerstätten der Erde, wobei er besonders auf die vorliegenden Ergebnisse der erdöl- und regionalgeologischen Untersuchungen in den USA zurückgreifen konnte.

In seinem Werk „Die Erdöllagerstätten der Erde" verallgemeinerte I. M. Gubkin diese Erkenntnisse, indem er die Prinzipien der erdölgeologischen Rayonierung ableitete und die Kriterien zur Klassifizierung großer Erdöl- und Erdgasgebiete entwickelte. So teilte er die Erdölgebiete auf der Erde auf Grund geotektonischer Kriterien in Erdöl- und Erdgasbezirke, Erdöl- und Erdgasgebiete sowie Erdöl- und Erdgasprovinzen ein. Diese theoretischen Grundlagen ermöglichten es I. M. Gubkin, die Erdölführung des Wolga—Ural-Gebiets und anderer Sedimentgebiete der Sowjetunion vorauszusagen. In diesem Zusammenhang schrieb I. M. Gubkin: „Das Erdölgebiet der westlichen Uralflanke ist nur ein Teil eines ausgedehnten Erdölgürtels, der sich von den südlichen Grenzen Turkmeniens über die Karakum sowie über Ustjurt und das Embagebiet bis in die Wolgabezirke erstreckt. Darüber hinaus zieht sich dieser Gürtel über das Westuralgebiet (einschließlich der Lagerstätten des Kamagebiets und Ischimbai) sowie über das Timan—Petschora-Gebiet bis in das Küstengebiet des Nördlichen Eismeers."

Ein ähnliche Aussage traf I. M. Gubkin in einem Vortrag anläßlich einer Sitzung der Akademie der Wissenschaften in Swerdlowsk 1932 über die westsibirische Tiefebene, in dem er feststellte, daß die kontinentalen kohleführenden jurassischen Schichtenfolgen, wie sie im Bereich der Ostflanke des Urals entwickelt sind, weiter nach Osten innerhalb der westsibirischen Tiefebene in marine Faziesbereiche übergehen und damit erdölhöffig werden.

Diese Voraussagen I. M. Gubkins wurden vor rund 35 Jahren getroffen. Inzwischen haben die großartigen Neuaufschlüsse solcher bekannten Großlagerstätten wie Gasli in Mittelasien, Uzen in Mangyschlak, Urengoj in Westsibirien, Wuktyl im Timan—Petschora-Becken oder Romaschkino und Tujmasa u. a. im Wolga—Ural-Gebiet die Lehren I. M. Gubkins in hervorragender Weise bestätigt. Der wissenschaftliche Gehalt dieser von I. M. Gubkin entwickelten Methodik zur Erdölhöffigkeitseinschätzung wird vor allem dadurch so überzeugend sichtbar, wenn man bedenkt, daß die Höffigkeitsprognosen zu einer Zeit gestellt wurden, als die genannten neuen Erdöl- und Erdgasprovinzen geologisch noch völlig unzureichend untersucht waren. Gegenwärtig bilden diese neuen Kohlenwasserstoffgebiete die Grundlage für die Verwirklichung der in den Direktiven zum 9. Fünfjahrplan genannten Fördermengen an Erdöl und Erdgas.

5. I. M. Gubkin und die Entwicklung der sowjetischen Erdölgeologie als selbständige Wissenschaftsdisziplin

Die sozialistischen Produktionsverhältnisse in der UdSSR ermöglichten ohne jegliche Einschränkung die Entwicklung der Erdölgeologie als selbständiger Wissenschaft, so wie das I. M. Gubkin auch über seine persönliche Entwicklung als Wissenschaftler anläßlich seiner Aufnahme als Mitglied der Kommunistischen Partei gesagt hatte. In der Sowjetunion waren und sind alle Voraussetzungen gegeben, um, entsprechend den Kriterien für die Kennzeichnung einer Einzelwissenschaft, die Erdölgeologie als eine selbständige naturwissenschaftliche Disziplin zu entwickeln. Diese Kriterien wurden von M. Guntau, W. Mühlfriedel & E. Wächtler (1970) wie folgt definiert:

Existenz eines Systems von Erkenntnissen in Form von Begriffen, Gesetzen, Theorien usw. über eine abgegrenzte Klasse von Dingen und Prozessen;

Entwicklung von spezifischen Methoden oder Methodenkombinationen zur Erkenntnis von Dingen und Prozessen der abgegrenzten Klasse;

gesellschaftliche Aufgabe als Ziel der Wissenschaft;

Herausbildung bestimmter Institutionen für die betreffende Disziplin.

Im Sinne dieser Kriterien muß auch das Wirken I. M. Gubkins als Hochschullehrer, Forscher und Organisator der geologischen Forschung und Erkundung betrachtet werden. Durch planmäßige und zielstrebige geologische Regionaluntersuchung der Erdölgebiete Aserbaidshans, Grosnys, des westlichen Vorkaukasus sowie durch die Analyse aller Erdölgebiete der Erde hatte I. M. Gubkin eine allgemeingültige Theorie über die Genese, Verbreitung und Akkumulation sowie Höffigkeitsprognose des Erdöls und seiner Lagerstätten geschaffen. Aus dieser Theorie wurden durch I. M. Gubkin gleichzeitig moderne Such- und Erkundungsmethoden neuer Erdöllagerstätten abgeleitet. Diese Erkenntnisse waren Voraussetzung für die Gründung spezieller Ausbildungs- und Forschungseinrichtungen als Institutionen zur Entwicklung der Erdölgeologie als selbständiger Wissenschaft. Die gesellschaftliche Aufgabe der Erdölgeologie leitet sich eindeutig aus der Forderung ab, der Volkswirtschaft die Kohlenwasserstoffe in ausreichender Vorratsmenge zur Verfügung zu stellen, so wie dies die Fünfjahrpläne der UdSSR ständig vorsehen.

Wenn I. M. Gubkin in den zwanziger und dreißiger Jahren die Grundlagen für die Herausbildung der Erdölgeologie schuf, wie es sein Lebensweg zeigt, so ist die Erdölgeologie in der UdSSR gegenwärtig ein in sich geschlossenes Wissenschaftssystem mit allen dafür notwendigen Voraussetzungen. Die Werke I. M. Gubkins „Die Lehre vom Erdöl" und „Die Erdöllagerstätten der Erde" waren eine epochemachende Zusammenfassung des damaligen Wissens. Sie stellen die Grundlage für eine gegenwärtig bestehende erdölgeologische Spezialliteratur der Sowjetunion dar, die auf der Erde nicht ihresgleichen aufzuweisen hat. In der UdSSR werden in unserer Zeit die meisten Erdölfachleute der Welt ausgebildet. Dafür stehen acht spezielle Hochschulen in den Städten Moskau, Baku, Grosny, Ufa, Perm, Iwano-Frankowsk, Kuibyschew und Tjumen sowie spezielle Lehrstühle oder Fakultäten an den Universitäten in Moskau, Taschkent, Aschchabad, Duschanbe, Nowosibirsk und Irkutsk zur Verfügung.

Für die Bearbeitung und Lösung theoretischer und praktischer erdölgeologischer und erdöltechnischer Forschungsaufgaben im Landesmaßstab werden die Kapazitäten von Forschungsinstitutionen der Akademie der Wissenschaften der UdSSR, des Ministeriums für Geolo gie, der Ministerien für Erdöl- und Erdgasgewinnung der UdSSR sowie der Forschungseinrichtungen von Ministerien und Industrievereinigungen der Unionsrepubliken genutzt. Insgesamt stehen der UdSSR gegenwärtig über 35000 Erdölgeologen mit Hochschulbildung zur Verfügung. In den sechs bedeutendsten Erdölforschungsinstituten der UdSSR sind über 6000 wissenschaftliche Mitarbeiter tätig. I. M. GUBKIN hatte einen großen persönlichen Anteil an der Herausbildung der sowjetischen Erdölgeologie, die heute die Erdölgeologie schlechthin verkörpert und deren Aufgabe er wie folgt formulierte: „Für uns", so schrieb er, „ist die Theorie nicht eine Theorie um ihrer selbst willen, sondern sie wird für uns nur im Zusammenhang mit der Praxis bedeutungsvoll. Die Vereinigung der Theorie mit der Praxis ist für uns das Entscheidendste ... Die Wissenschaft der Wissenschaft wegen brauchen wir nicht. Wir brauchen eine solche Wissenschaft, die uns beim Aufbau des Sozialismus hilft und gleichzeitig die wissenschaftlich-theoretische Grundlage unserer sozialistischen Gesellschaft darstellt."

Dieses Anliegen I. M. GUBKINs wurde in den sozialistischen Ländern, vor allem aber in der UdSSR, verwirklicht. Die Sowjetunion unterstützt gegenwärtig die sozialistischen Staaten wie auch die Nationalstaaten bei der Ausbildung von Erdölfachleuten und durch aktive Hilfe bei der Erkundung von Erdöl- und Erdgaslagerstätten.

Wenn im Jahre 1971 der 100. Geburtstag IWAN MICHAILOWITSCH GUBKINs feierlich begangen wird, dann ist dieses Jubiläum gleichzeitig Ausdruck der Entwicklung einer Einzelwissenschaft — der Erdölgeologie — unter den Verhältnissen der sozialistischen Gesellschaftsordnung.

Das Leben und Wirken I. M. GUBKINs ist ein überzeugendes Beispiel für die Entwicklung eines sozialistischen Wissenschaftlers, der bereit ist, seine ganze Kraft in den Dienst seines Volkes zu stellen.

Zusammenfassung

In diesem Jahr wird in der UdSSR der 100. Geburtstag IWAN MICHAILOWITSCH GUBKINs feierlich begangen. Mit diesem Jubiläum eines großen sowjetischen Wissenschaftlers ist gleichzeitig eine Analyse der Entwicklung der sowjetischen Erdölgeologie als wissenschaftliche Grundlage für die Schaffung eines wichtigen Zweigs der Volkswirtschaft der UdSSR, der Erdölwirtschaft, verbunden. Durch seine hervorragenden Arbeiten zur Erdölgenese, -verteilung und Höffigkeitsprognose großer Erkundungsräume wurde I. M. GUBKIN zum Begründer der sowjetischen Erdölgeologie. Das Leben und Wirken I. M. GUBKINs ist ein überzeugendes Beispiel für die Entwicklung einer Wissenschaftlerpersönlichkeit, deren Schöpfertum sich erst unter den sozialistischen Verhältnissen des Sowjetstaates voll entfalten konnte. Das Werk I. M. GUBKINs wurde zur Grundlage eines vollkommenen Systems der Lehre und Forschung auf dem Gebiet der Erdölgeologie im Interesse der Wissenschaftsentwicklung und der volkswirtschaftlichen Nutzung.

Резюме

В этом году в СССР торжественно отмечается 100-летие со дня рождения акад. И. М. Губкина. С этим юбилеем одного из крупнейших советских ученых одновременно тесно связан анализ развития советской нефтяной геологии, являющейся научной основой для создания одной из важнейших отраслей народного хозяйства СССР нефте-газовой промышленности. Благодаря замечательному вкладу в области образования и размещения нефти, а также оценки нефтеносности больших территорий акад. И. М. Губкин стал основателем советской нефтяной геологии. Жизнь и деятельностть акад. И. М. Губкина являются убедительным примером для развития личности ученого, которая только при советской власти получила возможность для полного расцвета творческих сил. Работа акад. И. М. Губкина стала основой совершенной системы учения и исследования в области нефтяной геологии в интересах развития науки и на пользу народному хозяйству.

Summary

IWAN MICHAILOWITSCH GUBKIN's 100th birthday will be celebrated in the U.S.S.R. in this year. This jubilee of a great Soviet scientist is simultaneously connected with an analysis of the development of Soviet oil geology as a scientific basis for creating the oil industry, an important branch of the national economy of the U.S.S.R. By his excellent studies on the genesis and distribution of petroleum, as well as on large probably petroleum-bearing areas, I. M. GUBKIN became the founder of Soviet oil geology. His life and activities are a convincing example for the development of a scientist's personality whose creative genius was fully unfolded under the socialist conditions of the Soviet state only. I. M. GUBKIN's work became the basis of a complete system of teaching and research in the field of oil geology in the interest of the development of science and of economic utilization.

Literatur

BAKIROW, A. A.: Die Lehre I. M. GUBKINs über die Erdölbildung und Erdölakkumulation in der Lithosphäre und ihre schöpferische Weiterentwicklung in den nachfolgenden Arbeiten sowjetischer Wissenschaftler. — GUBKIN-Kolloquium 1968 am MINChiGP. Moskau 1969 (russ.).

GUNTAU, M., W. MÜHLFRIEDEL & E. WÄCHTLER: Gedanken zur Geschichte der Naturwissenschaften. — Bergakademie, **22**, 9, 510—513 (1970).

PÄTZ, H.: Zur Geschichte des Wissenschaftszweiges „Erdölgeologie". — Geologie, **19**, 6, 637—659 (1970).

WASILJEW, W. G.: Die Rolle I. M. GUBKINs bei der Erkundung der sibirischen Erdöl- und Erdgasprovinz. — GUBKIN-Kolloquium 1968 am MINChiGP, Moskau 1969 (russ.).

WASILJEW, Ju. M., & Ju. A. SUDARIKOW: Erinnerungen an IWAN MICHAILOWITSCH GUBKIN. — GUBKIN-Kolloquium 1968 am MINChiGP, Moskau 1969 (russ.).

Autorenkollektiv: Erdölgeologisches Wörterbuch. — Gostoptechisdat, Leningrad 1958 (russ.).

Varianten der Präzisionsisotopenanalyse von Gasen mit dem Massenspektrometer M 86

KARL-PETER DOSTAL, Leipzig

1. Vorbemerkungen

Über natürliche Häufigkeiten stabiler Isotope

Die chemischen Elemente lassen sich nach ihrer natürlichen Zusammensetzung in Rein- und Mischelemente einteilen. Letztere bestehen aus mehreren Isotopen. Man versteht unter der Häufigkeit eines Isotops den Anteil der Atome des Isotops an der Gesamtzahl der Atome des betreffenden Elements. Die Häufigkeiten der stabilen Isotope mancher Elemente variieren etwas. Das liegt zum Teil an radioaktiven Zerfallsprozessen, zum anderen an geringen Unterschieden der thermodynamischen Eigenschaften von Molekülen mit isotopen Atomen, infolge deren bei chemischen Reaktionen, Phasengleichgewichten und Transportvorgängen in der unbelebten

Eingang des Manuskripts in der Redaktion: 2. 3. 1971.

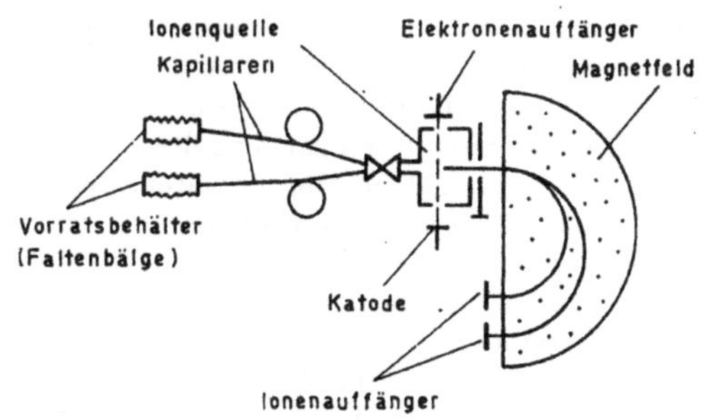

Abb. 1. Prinzip der Zweistrahlmethode

und belebten Natur Isotopenverschiebungen entstehen. Deswegen ist die Bestimmung natürlicher Isotopenhäufigkeitsvariationen für die Geowissenschaften von erheblicher Bedeutung („Isotopengeochemie", „Isotopengeochronologie" u. a., s. z. B. RÖSLER & PILOT 1969). Zur Messung der geringen Unterschiede in der Isotopenzusammensetzung eignet sich nur ein einziges Verfahren, die leitprobengebundene massenspektrometrische Zweistrahlmethode (NIER u. a. 1947).

Prinzip der Meßmethode

Allgemein entstehen in einem massenspektrometrischen Apparat aus der zu analysierenden Probe zunächst Ionen, die durch ein elektrostatisches Feld aus der Ionenquelle in einen Trennraum gezogen und dabei beschleunigt werden. Im Trennraum bewirken elektromagnetische Kräfte die Trennung der Teilchen verschiedener Masse.

Bei der Präzisionsisotopenanalyse bestimmt man das Verhältnis der Häufigkeiten zweier Isotope eines Elements. Die Probe muß gasförmig vorliegen. Weil zur Verringerung systematischer Fehler ein direkter Vergleich mit einer Leitprobe erforderlich ist, sind diese Massenspektrometer mit Doppeleinlaßsystemen ausgestattet, so daß abwechselnd Probe und Leitprobe in die Ionenquelle strömen können. Dort werden durch Elektronenstoß aus den Molekülen des Gases meist einfach positiv geladene Ionen gebildet. Beim Typ M 86 strömt das Gas in die Ionenquelle viskos ein. Da die kinetischen Energien der isotop verschiedenen Moleküle gleich sind,

$$\frac{1}{2}\, m_{\text{schwer}} \cdot v^2_{\text{schwer}} = \frac{1}{2}\, m_{\text{leicht}} \cdot v^2_{\text{leicht}} \quad (1)$$

hängt das Verhältnis ihrer Geschwindigkeiten vom Massenverhältnis ab. Deswegen unterscheiden sich die Verweilzeiten in der Ionenquelle, d. h. die Ionisierungswahrscheinlichkeiten beider Komponenten. Im übrigen sind die entstehenden Ionenströme den Partialdrücken proportional, die ihrerseits den Häufigkeiten proportional sind.

Die elektrostatische Beschleunigungsspannung U_e beträgt einige kV. Beim Eintritt in den Trennteil (s. Abb. 1) haben die Ionen eine massenabhängige Geschwindigkeit, die sich aus der entnommenen Feldenergie $e \cdot U_e$ errechnet (e = Ladung):

$$\frac{m}{2}\, v^2 = e \cdot U_e \quad (2)$$

$$v = \sqrt{2\,\frac{e}{m}\,U_e} \quad (3)$$

Im Trennteil wirkt senkrecht zum Ionenstrahl ein homogenes Magnetfeld B, dies bedeutet eine Kraft vom Betrag evB senkrecht zu v und B (LORENTZ-Kraft). Diese Kraft zwingt die Ionen auf eine Kreisbahn. Die für jede Kreisbewegung erforderliche Radialkraft mv^2/r hat also hier die Form evB. Durch Gleichsetzen der beiden Ausdrücke ergibt sich unter Zuhilfenahme von Gl. (3) für den Krümmungsradius

$$r = \frac{1}{B} \cdot \sqrt{2\,\frac{m}{e}\,U_e} \quad (4)$$

Der Ionenbahnradius hängt demnach von der Teilchenmasse ab. Im gezeichneten 180°-Massenspektrometer fallen die Ionen mit dem schweren Isotop auf den unteren Ionenauffänger, die anderen auf den oberen. Beide Auffänger sind mit Gleichstromverstärkern verbunden, zu denen hochohmige Gegenkopplungswiderstände parallel liegen, wie Abb. 2 zeigt. Die Ausgangsspannung des unteren Verstärkers errechnet sich zu

$$U_A = I_A R_A f_A \quad (5)$$

wobei f_A einen Zahlenfaktor sehr nahe bei Eins darstellt (s. z. B. HABFAST 1960); entsprechendes gilt für den oberen Verstärker. Die größere der beiden Spannungen — in der Abb. U_A — wird von einer Spannungsteilerschaltung verringert, so daß der Bruchteil qpU_A entsteht, den man mit dem ebenfalls hochohmigen Widerstand R_B' dem Eingang des anderen Verstärkers gegenkoppelt. Die Rechnung liefert für die Differenzspannung am Schreiber

$$U = U_B - pqf_B\,\frac{R_B}{R'_B}\,U_A \quad (6)$$

Ist sie genau Null, läßt sich nach Justierung des Potentiometers R_v das Isotopenverhältnis am Präzisionsdekadenpotentiometer R_p ablesen. Ist sie von Null verschieden, liefert die Differenzspannung einen Beitrag zum Isotopenverhältnis, der durch Kalibrierung ermittelt werden muß. Um systematische Fehler zu ver-

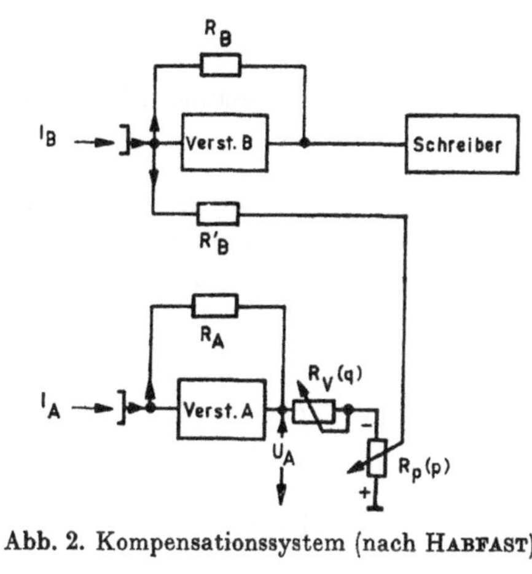

Abb. 2. Kompensationssystem (nach HABFAST)

mindern, vergleicht man das Signal der Probe mit dem einer Leitprobe und gibt das Ergebnis in Form des sogenannten Deltawertes an. Dann ist das Potentiometer R_v ohne Bedeutung.

Allgemeines zum Deltawert

Der Deltawert wird mittels eines Doppelverhältnisses definiert:

$$\delta(^sX) = \frac{\Re_P - \Re_L}{\Re_L} \tag{7}$$

^sX ist das Symbol für das seltenere Isotop, die Indizes P und L bedeuten Probe und Leitprobe, $\Re$ bezeichnet das Verhältnis der Häufigkeit des selteneren zu der des häufigeren Isotops. Der Deltawert ist also die relative Abweichung des Isotopenverhältnisses der Probe von dem der gewählten Leitprobe.

Auf Grund der Definition errechnen sich elementar die folgenden Umrechnungsbeziehungen: Der Zusammenhang zwischen Deltawert und Isotopenverhältnis lautet:

$$\Re_P = (1 + \delta)\,\Re_L \tag{8}$$

Die Isotopenhäufigkeit des seltenen Isotops berechnet sich aus dem Deltawert und dem Isotopenverhältnis der Leitprobe zu

$$H(^sX) = \frac{1}{1 + \dfrac{1}{(1+\delta)\,\Re_L}} \cdot 100\ \text{At.-\%} \tag{9}$$

Wenn ein gegen eine Leitprobe $L\,1$ gemessener Deltawert auf eine andere Leitprobe $L\,2$ bezogen wird, gilt

$$\delta_{P\to L2} = \delta_{P\to L1} + \delta_{L1\to L2} + \delta_{P\to L1} \cdot \delta_{L1\to L2} \tag{10}$$

Vertauscht man an einem Deltawert die Rollen von Probe und Leitprobe, so ändert sich nicht nur das Vorzeichen, sondern auch der Betrag:

$$\delta_{L\to P} = \frac{-\delta_{P\to L}}{1 + \delta_{P\to L}} \approx -\delta_{P\to L} + \delta^2_{P\to L} - + \cdots \tag{11}$$

oder

$$\delta_{P\to L} = \frac{-\delta_{L\to P}}{1 + \delta_{L\to P}} \approx -\delta_{L\to P} + \delta^2_{L\to P} - + \cdots$$

2. Ableitung allgemeiner Gleichungen für 4 Varianten

Übersicht

Das Doppelverhältnis in (7) ergibt sich auch aus solchen Verhältnissen, die den Häufigkeitsverhältnissen proportional sind. Deshalb darf man statt der Häufigkeiten die Ionenströme einsetzen, der Massendiskriminierungsfaktor des Einlaßsystems kürzt sich heraus.

Damit wird

$$\delta = \frac{\left(\dfrac{I_A}{I_B}\right)_P}{\left(\dfrac{I_A}{I_B}\right)_L} - 1 \tag{12}$$

wenn der Ionenstrom mit dem selteneren Isotop auf den A-Auffänger und der Ionenstrom mit dem häufigeren Isotop auf den B-Auffänger fällt. Diese Zuordnung der Indizes soll im weiteren durchgängig gelten.

Es gibt nun verschiedene Möglichkeiten, den Deltawert nach der Schaltung von HABFAST zu ermitteln: Einerseits kann je nach den Werten der Hochohmwiderstände die vom selteneren oder häufigeren Isotop herrührende Verstärkerausgangsspannung die größere sein. Andererseits hat man die Wahl zwischen Leitprobe und Probe, um die Differenzspannung zu kalibrieren. Insofern handelt es sich zunächst um vier Varianten, die getrennte Untersuchungen erfordern. Sie mögen folgende Bezeichnungen führen:

Variante I_L : Spannung des selteneren Isotops wird geteilt, Kalibrierung erfolgt mit der Leitprobe;

Variante I_P: Spannung des selteneren Isotops wird geteilt, Kalibrierung erfolgt mit der Probe;

Variante II_L: Spannung des häufigeren Isotops wird geteilt, Kalibrierung erfolgt mit der Leitprobe;

Variante II_P: Spannung des häufigeren Isotops wird geteilt, Kalibrierung erfolgt mit der Probe.

Variante I_L

Es gilt Abb. 2 mit den eingezeichneten Größen. Aus Gl. (6) ergibt sich für das Verhältnis der Ionenströme

$$\frac{I_A}{I_B} = \left(1 - \frac{U}{U_B}\right) \cdot \frac{R_B'}{p q R_A f_A} \tag{13}$$

mit

$$U_B = I_B R_B f_B$$

Unterscheiden sich die Ionenströme des häufigen Isotops von Probe und Leitprobe um den Faktor K, gilt auch für die Spannungen

$$U_{BP} = K \cdot U_{BL} \tag{14}$$

Aus den beiden letzten Gln. erhält man zunächst für den Deltawert nach (12):

$$\delta = \frac{U_{BL} - \dfrac{1}{K} \cdot U_P}{U_{BL} - U_L} \cdot \frac{p_L}{p_P} - 1 \tag{15}$$

U_{BL} braucht nicht explizit bekannt zu sein, sondern läßt sich durch Variation des Faktors p

$$p + \Delta p = p_c$$

ermitteln. Aus Gl. (6) und der mit p_c modifizierten Gl. (6) ergibt sich für U_B

$$U_B = \frac{p \cdot U_c - p_c \cdot U}{p - p_c} \tag{16}$$

wenn U_c die zur Potentiometerstellung p_c gehörige Spannung bezeichnet. Das Einsetzen dieses mit L indizierten Ausdrucks in (15) liefert nach einigen Umformungen

$$\delta = \frac{p_L}{p_P} - 1 + \frac{\Delta p \cdot \left(\frac{U_P}{K} - U_L\right)}{p_P \cdot \Delta U} \tag{17}$$

wobei $\Delta U = U_c - U$ ist. U_P und U_L sind die vom Schreiber aufgezeichneten Kompensationsrestspannungen der Probe bzw. der Leitprobe, Δp und ΔU bedeuten die Differenzen beim Kalibrieren.

Variante I_P

Erfolgt das Kalibrieren mit der Probe, hat man die Größen von Gl. (16) mit den Indizes L zu versehen und in Gl. (15) einzusetzen. Es entsteht nun

$$\delta = \frac{\frac{p_L}{p_P} - 1 + \frac{\Delta p (U_P - K U_L)}{p_P \cdot \Delta U}}{1 - \frac{\Delta p (U_P - K U_L)}{p_P \cdot \Delta U}} \tag{18}$$

Variante II_L

Die Kompensationsschaltung für die Varianten II_L und II_P ist die gleiche wie für die beiden bereits behandelten, nur daß der intensive Ionenstrahl I_B auf den unteren Auffänger der Abb. 2 und der schwächere Ionenstrahl I_A auf den oberen Auffänger fällt, die Indizes A und B sind also in der Abb. zu vertauschen. Die Ableitung des Ausdrucks für den Deltawert erfolgt ähnlich Abschn. „Variante I_L".

Es ergibt sich analog zu Gl. (15)

$$\delta = \frac{U_P + p_P \cdot \frac{q f_A}{n_A} \cdot U_{BP}}{K \cdot U_L + p_L \cdot \frac{q f_A}{n_A} \cdot U_{BP}} - 1 \tag{19}$$

und analog zu Gl. (16)

$$U_B = \frac{U_c - U}{p - p_c} \cdot \frac{n_A}{q \cdot f_A} \tag{20}$$

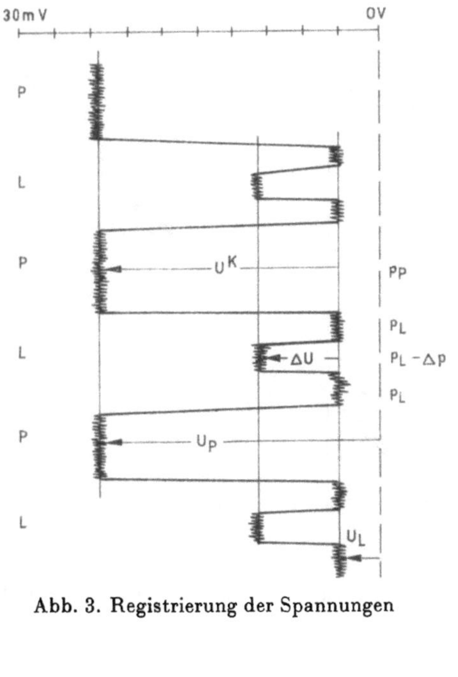

Abb. 3. Registrierung der Spannungen

aus beiden folgt

$$\delta = \frac{\frac{p_P}{p_L} - 1 - \frac{\Delta p \cdot \left(\frac{U_P}{K} - U_L\right)}{p_L \cdot \Delta U}}{1 - \frac{\Delta p U_L}{p_L \Delta U}} \tag{21}$$

Variante II_P

Für diese Variante erhält man

$$\delta = \frac{\frac{p_P}{p_L} - 1 - \frac{\Delta p (U_P - K U_L)}{p_L \cdot \Delta U}}{1 - \frac{\Delta p K U_L}{p_L \Delta U}} \tag{22}$$

3. Vereinfachungen

Auswerteformeln für Gleichheit der intensiven Ionenströme

Die vier abgeleiteten Gleichungen gelten exakt nur beim Fehlen von Diskriminierungseffekten in der Ionenquelle und bei konstanten Hochohmwiderständen. Der Quotient K ist vor allem zur Beurteilung unregelmäßiger Fehler in die Beziehungen aufgenommen worden. Praktisch versucht man immer, $K = 1$ zu verifizieren. Dies ist nicht nur einfacher, sondern wegen der genannten Einschränkungen erforderlich. Für $K = 1$ werden alle Klammern in den Gln. (17), (18), (21) u. (22) gleich und sollen dann die Bezeichnung

$$U_P - U_L = U^K \tag{23}$$

erhalten. Berücksichtigt man noch, daß die beiden Differenzen Δp und ΔU immer verschiedenes Vorzeichen haben, lassen sich die Ergebnisse folgendermaßen schreiben:

Variante I_L:

$$\delta = \frac{p_L}{p_P} - 1 - \left| \frac{\Delta p}{p_P \cdot \Delta U} \right| \cdot U^K \tag{24}$$

Variante I_P:

$$\delta = \frac{\frac{p_L}{p_P} - 1 - \left| \frac{\Delta p}{p_P \cdot \Delta U} \right| \cdot U^K}{1 + \left| \frac{\Delta p}{p_P \cdot \Delta U} \right| \cdot U^K} \tag{25}$$

Varianten II_L und II_P:

$$\delta = \frac{\frac{p_P}{p_L} - 1 + \left| \frac{\Delta p}{p_L \cdot \Delta U} \right| \cdot U^K}{1 + \left| \frac{\Delta p}{p_L \cdot \Delta U} \right| \cdot U_L} \tag{26}$$

In dieser Form eignen sie sich für die Auswertung (s. Abb. 3). Die Gleichungen für die Varianten II_L und II_P sind identisch geworden, hängen aber im Gegensatz zu den Varianten I_L und I_P von U_L ab.

Bemerkung zum Betrag der Differenzspannung

Es ist zu sehen, daß sich die Deltawerte aus 2 Anteilen zusammensetzen: Der erste Anteil δ_1 besteht aus der relativen Differenz der p-Werte und stellt den Deltawert für $U^K = 0$ dar. Der zweite Anteil δ_2 ist dagegen eine Funktion von U^K und repräsentiert den Deltawert für $p_P = p_L$. Bei niedrigen Deltawerten wählt man der Einfachheit halber $p_P = p_L$, es ist aber aus Gründen der Genauigkeit zweckmäßig, höhere Abweichungen der Isotopenverhältnisse mit einer großen Differenz $|p_P - p_L|$ zu messen, d. h., U^K im empfindlichen Bereich des Schreibers möglichst klein zu wählen.

Weglassen des Kalibrierens

Für $p_P = p_L$, $U_L = 0$ und $K = 1$ geht Gl. (15) in

$$\delta = -\frac{U^K}{U_B} \tag{27}$$

über. Verlangt man eine Meßgenauigkeit von 0,1‰ und nimmt man eine Registriergenauigkeit von 1% an, so folgt aus dem Fehlerfortpflanzungsgesetz, daß sich Gl. (27) durchaus für die Bestimmung von Deltawerten bis zu etwa 7‰ eignet. Die Messung ist einfacher und erfordert weniger Zeit. Daß die Ergebnisse gemäß Gl. (24) (für $p_P = p_L$) und Gl. (27) übereinstimmen, zeigt Abb. 4. Die Punkte stellen Meßproben dar, die nach beiden Methoden ausgewertet wurden. Die Werte nach Gl. (27) sind die Abszissen, die Werte nach Gl. (24) die Ordinaten dieser Punkte. Gl. (27) bezieht sich nur auf Variante I, d. h., sie liefert nur dann richtige Ergebnisse, wenn die Ausgangsspannung des schwächeren Ionenstrahls am Dekadenpotentiometer geteilt wird. Andernfalls ist der Meßwert noch vom Teilungsfaktor q und vom Verhältnis der Hochohmwiderstände im A-Verstärker abhängig.

4. Ergänzungen

Gleichheit der Spannungen für das seltene Isotop

Nachstehend sind die Deltawerte nicht als Funktion von K, sondern von

$$K' = \frac{U_{AP}}{U_{AL}}$$

dargestellt. ($K' = 1$ bedeutet also Gleichheit der vom seltenen Isotop erzeugten Ausgangsspannungen für Probe und Leitprobe.) Die Beziehungen gelten ebenfalls nur unter den in Abschn. „Auswerteformeln" genannten Einschränkungen.

Variante I_L:

$$\delta = \frac{\frac{p_L}{p_P} - 1 + \frac{\Delta p \cdot \left(\frac{U_P}{K'} - U_L\right)}{p_P \cdot \Delta U}}{1 - \frac{\Delta p \cdot \frac{U_P}{K'}}{p_P \cdot \Delta U}} \tag{28}$$

Variante I_P:

$$\delta = \frac{\frac{p_L}{p_P} - 1 + \frac{\Delta p\,(U_P - K' U_L)}{p_P \Delta U}}{1 - \frac{\Delta p \cdot U_P}{p_P \cdot \Delta U}} \tag{29}$$

Variante II_L:

$$\delta = \frac{\frac{p_P}{p_L} - 1 - \frac{\Delta p \left(\frac{U_P}{K'} - U_L\right)}{p_L \cdot \Delta U}}{1 + \frac{\Delta p \left(\frac{U_P}{K'} - U_L\right)}{p_L \cdot \Delta U}} \tag{30}$$

Variante II_P:

$$\delta = \frac{p_P}{p_L} - 1 - \frac{\Delta p (U_P - K' U_L)}{p_L \cdot \Delta U} \tag{31}$$

Für $U_L = 0$ werden die Gln. (18) und (29) identisch. Würde man daher eine Probe hohen Deltawerts (z. B. 50‰) nach Variante I_P einmal so messen, daß die Ströme der intensiven Ionenstrahlen gleich sind und zum anderen bei Gleichheit der schwächeren Ionenstrahlen, hätte man dieselben Ergebnisse zu erwarten; Abweichungen zeigen systematische Fehler des Massenspektrometers auf.

Dasselbe gilt auch für die Variante II_P. Bei den Varianten I_L und II_L entstehen identische Gleichungen für $U_P = 0$.

Besonderheiten bei der Analyse von C und O

Im Falle vollständiger Kompensation ergibt sich aus Gl. (13) für die Varianten I die Beziehung

$$\frac{I_B}{I_A} = p \cdot q \cdot \frac{R_A}{R_B'} \cdot f_A \tag{32}$$

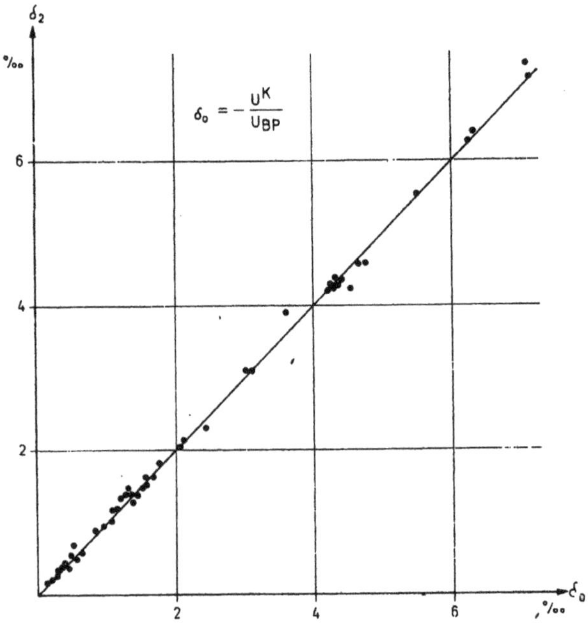

Abb. 4. Richtigkeit ohne Kalibrierung ermittelter Deltawerte

für die Varianten *II* gilt

$$\frac{I_A}{I_B} = p \cdot q \cdot \frac{R_B}{R_A'} \cdot f_B \qquad (33)$$

Da q und f von Eins nur wenig verschieden sind und der Faktor $p < 1$ möglichst groß sein soll, müssen die Widerstandsverhältnisse auf den rechten Seiten in der gleichen Größenordnung wie die Ionenstromverhältnisse liegen.

Für die Analyse von C und O eignet sich am besten CO_2. Wählt man z. B. $R_A = R_A' = 10^{11}\,\Omega$ und $R_B = R_B' = 10^9\,\Omega$, kann man von einem Element zum anderen übergehen, ohne die Widerstände zu ändern. Es muß nur mit einem Schalter zwischen beiden Varianten umgeschaltet werden. Aus Intensitätsgründen zieht man die Molekülionen zur Messung heran. Dabei ist zu beachten, daß die Massenzahl 45 nicht nur vom $^{13}C^{16}O_2^+$-Ion, sondern auch vom Ion $^{12}C^{16}O^{17}O^+$ belegt wird. Der Meßwert δ (45) ist deshalb auf den gewünschten Wert $\delta^{13}C$ zu korrigieren. Um $\delta^{18}O$ zu messen, kompensiert man die zur Massenlinie 46 ($^{12}C^{16}O^{18}O^+$-Ion) gehörende Spannung gegen die von den Massenlinien 44 und 45 hervorgerufene Gesamtspannung und erhält zunächst einen Wert δ (46). Nach CRAIG hängen die gesuchten Größen mit den Meßgrößen über ein lineares Gleichungssystem zusammen. Für die in der DDR und in der Ungarischen VR verwendete Leitprobe aus Rübeländer Stringozephalenkalk gilt z. B.

$$\delta^{13}C = 1{,}0069 \cdot \delta(45) - 0{,}03367 \cdot \delta(46)$$

$$\delta^{18}O = 1{,}0011 \cdot \delta(46) + 0{,}00969 \cdot \delta(45)$$

Die Koeffizienten variieren geringfügig mit der benutzten Leitprobe.

Zusammenfassung

Der vorliegende Artikel gibt über die meßtechnische Seite der Präzisionsisotopenanalyse eine Übersicht. Es sind die physikalischen Grundlagen erläutert und Umrechnungsbeziehungen der Deltawerte zusammengestellt. Man kann mehrere Meßvarianten unterscheiden, deren Auswerteformeln in allgemeiner Form abgeleitet und anschließend spezialisiert werden. Zur Messung niedriger Deltawerte empfiehlt Verf. eine einfache Methode ohne Kalibrierung im üblichen Sinne. Ferner sind die Gleichungen für die Deltawerte in einer anderen Form dargestellt und spezielle Bemerkungen zur Isotopenanalyse an Kohlenstoff und Sauerstoff angefügt.

Резюме

Статья дает обзор о точном изотопном анализе с точки зрения техники измерения. Поясняются физические основы, сопоставляются условия пересчета значений дельта. Различаются несколько вариантов измерения, для которых в общей форме выводятся формулы для обработки с последующей их специализацией. Для измерения небольших значений дельта автор рекомендует применение простого метода без калибровки в обычном смысле. Далее записываются формулы для значений дельта в несколько иной форме, приводятся некоторые специальные соображения по изотопному анализу на углеводород и кислород.

Summary

The measuring technique within a precision isotopic analysis is reviewed, with an explanation of the physical bases and an arrangement of relations concerned with the conversion of delta values. Several variants of measurement can be distinguished, for which universal formulas are derived and specialized for the purpose of evaluation. A simple method without calibration as usual is recommended. Furthermore, equations for the delta values are represented otherwise and special remarks are added to the isotopic analysis of carbon and oxygen.

Literatur

CRAIG, H.: Isotopic standards for carbon and oxygen and correction factors for mass-spectrometic analysis of carbon dioxide. – Geochim. et Cosmochim. Acta, **12**, 133 (1957).

HABFAST, K.: Präzisionsbestimmung von Isotopenhäufigkeiten mit dem Massenspektrometer. – Z. Inst., **68**, 82 (1960).

NIER, A. O., E. P. NEY & M. G. INGHRAM: Rev. Sci. Inst., **18**, 191 (1947).

RÖSLER, H. J., & J. PILOT: Anwendung und Bedeutung der Isotopengeochemie. – Z. angew. Geol., **15**, 491, Berlin 1969.

Die Aktivierungsanalyse hilft bei der geophysikalischen Suche nach Fluoritlagerstätten

J. BARTOŠEK, I. KAŠPAREC & B. ŠKUTHAN, ČSSR

Fluorit wird als ein industriell wichtiges Mineral bei der relativ kleinen Anzahl bedeutender Vorkommen überall dort gesucht, wo Indizes und geologische Voraussetzungen die Hoffnung auf eine ökonomische Anhäufung dieses Rohstoffs rechtfertigen. Im Böhmischen Massiv gibt es eine Reihe von Hinweisen auf dieses Mineral, aber auch von im Abbau stehenden Lagerstätten. Die Schwierigkeiten bei der Suche nach neuen Lagerstätten liegen vor allem bei deren Form. In Begleitung von Baryt und Quarz, seltener von Karbonaten, bildet Fluorit auf tektonischen Linien, am häufigsten mit sudetischem Streichen, Gangkörper. Die Mächtigkeit solcher Gänge von größerer Bedeutung schwankt zwischen 0,2 bis 8 m, die Längen im Streichen erreichen gewöhnlich mehrere hundert Meter. Die Schwierigkeiten bei der Suche liegen vor allem in der unregelmäßigen Gangfüllung und ganz besonders in der relativ geringen Widerstandsfähigkeit der Mineralsubstanz gegen exogene Faktoren. Ein Großteil der Lagerstätten kommt deshalb als verdeckte Gänge vor.

Aus: „Geologický průzkum", 12 (1970), 6, S. 165–167, 4 Abb.
Übers.: W. GRÖSSL, Berlin

Die Suche nach Fluorit wird auf der Grundlage von regionalen metallogenetischen Studien mittels hydrochemischer Prospektion, Übersichtskartierungen und geologischer Detailkartierung sowie Lesesteinkartierung durchgeführt. In geringem Maße werden auch geophysikalische und geochemische Methoden verwendet. Der direkte Nachweis von Lagerstätten, ihr Verlauf und ihre Parameter, erfolgt durch Schürfe, Schächte und Bohrungen. 1969 wurden durch B. ŠKUTHAN Versuche für eine Qualitätsverbesserung der geophysikalischen Methoden durchgeführt, mit dem Ziel, soweit wie möglich den Verlauf der Fluoritgänge direkt nachzuweisen.

Die geophysikalischen Methoden der indirekten Suche

Bislang wurde die Geophysik im Komplex ausschließlich für die Suche und Präzisierung des Verlaufs tektonischer Linien in Prognosebereichen verwendet. Zur Ermittlung von Störungen als Leitlinien in der Geoelektrik wurden gewöhnlich Gleichstromwiderstandsmethoden, die kombinierte und Dipolprofilierung oder die Niederfrequenzinduktionsmethoden „Turam" und „Vapram" angewendet. Die ermittelten Indikationen oder Linien wurden durch Schürfe untersucht, die in den meisten Fällen tektonisch zerrüttetes Gestein, meistens ohne Fluoritfüllung, antrafen. Der Nachteil solcher Suchmethoden auf ausstreichende Gangkörper bestand darin, daß bei größerer Elektrodenentfernung (AB 20 m) die Abschnitte von Störungen mit Gangfüllung nicht besonders hervortraten. Diese geophysikalische Methode erleichterte zwar die Lokalisierung zum Ansetzen von Schurfgräben auf Störungen, führte aber nicht zum Auffinden von verwertbaren Gangabschnitten.

Das Aufsuchen von nichtleitenden fluor-baryt-haltigen Partien mittels Potentialgradienten oder kombinierter Potentialgradienten erbrachte keine eindeutigen Ergebnisse. In mehreren Fällen waren die Indikationen für fluor-barytische Gänge von den übrigen Anomalien überdeckt, oder sie wurden durch die verwendete Meßanordnung nicht erfaßt, z. B. dann, wenn ein größerer Bereich mit einem Elektrodenabstand über mehrere hundert Meter hinaus untersucht wurde. Deshalb wurde von der Anwendung dieser geophysikalischen Methode Abstand genommen.

Das Studium der physikalischen Gesteinseigenschaften zeigte, daß die Möglichkeiten für eine direkte Trennung der Gangfüllung vom Nebengestein begrenzt sind. Zwischen dem gemessenen scheinbaren spezifischen Widerstand, der gesamten Gammaaktivität, der Suszeptibilität und der Dichte weist ersterer die größten Differenzen zwischen Gang- und Nebengestein auf. Zwischen den am häufigsten vorkommenden Gneisen und der Gangfüllung aus Fluorit, Baryt und Quarz beträgt das Verhältnis der scheinbaren spezifischen Widerstände 1 : 2 bis 1 : 3. Die mittels Widerstandsmessungen an den Lagerstätten von Kovářská und Javorka ermittelten Widerstände der Gangfüllungen betragen ungefähr 1 500 Ωm.

Parametermessungen auf vier Lokalitäten (Kovářská, Moldava, Křižany und Javorka) zeigten, daß für den Widerstandswert der Gangfüllung einer tektonischen Linie der eigentliche Widerstand des zu umgrenzenden Körpers nicht so bedeutungsvoll ist wie das Vorhandensein und die Menge von mineralischen Lösungen. Für die Größe des spezifischen Widerstands ϱ_z gilt annähernd die Formel:

$$\varrho_z = \varrho_0 / p^m \quad (1)$$

wobei p die Porosität, ϱ_0 der spezifische Widerstand der vorhandenen Lösung, $m = 1{,}3$ bis 2 ist. ϱ_0 bewegt sich häufig im Bereich von 1 bis 10^2 Ωm; die Werte des spezifischen Widerstands der Minerale betragen 10^6 Ωm und mehr.

Bei den untersuchten Lokalitäten traten die mineralisierten Bereiche von Störungszonen im vertikalen Profil meistens durch ein Absinken, nur ausnahmsweise durch eine Erhöhung des scheinbaren spezifischen Widerstands in Erscheinung. In allen Fällen machten sie sich in der Widerstandskurve bemerkbar. Die Ursache für diese Anomalien kann man nicht in der fluorbarytischen Vererzung suchen. Wegen der geringen Abstände der Stromelektroden wurden nämlich die Widerstandsdifferenzen lediglich in den obersten Partien des vertikalen Widerstandsprofils (bis zu 10 bis 15 m) erfaßt. Bei weiter auseinander liegenden Elektroden, bei denen eine größere Mächtigkeit des gemessenen Abschnitts zur Geltung kommt, sind die Widerstände der umgebenden Gesteine in bezug auf die Dimensionen der Gänge bereits entscheidend.

Für die geoelektrische Untersuchung der Gänge ist die Wahl der Elektrodenanordnung deshalb von Bedeutung, weil deren Umgebung sowie auch die Gänge selbst durch den Einfluß der wiederholten Mineralisationsphasen und die tektonische Störung des gesamten Bereichs stark anisotrop sind. Der Koeffizient der Makroanisotropie für den Gang und seine unmittelbare Umgebung (bis 20 m) beträgt für Kovářská 1,16 und Javorka 1,14. Neben der ermittelten Makroanisotropie wurde auf der Lagerstätte Javorka auch die Paradoxanisotropie festgestellt. Die über den mineralisierten Zonen bei rechtwinklig sie querender Anordnung gemessenen Widerstände waren kleiner als bei parallel zu den Gängen angeordneten Elektroden.

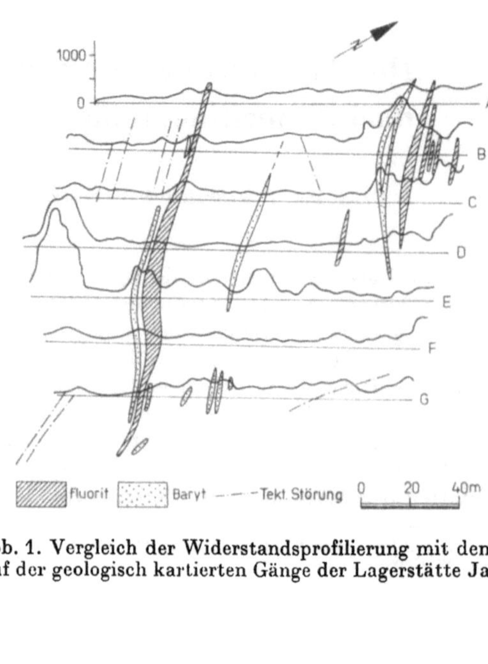

Abb. 1. Vergleich der Widerstandsprofilierung mit dem Verlauf der geologisch kartierten Gänge der Lagerstätte Javorka

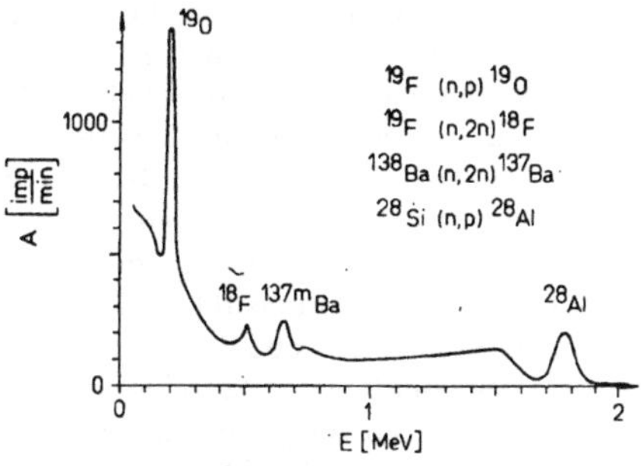

Abb. 2. Typisches Spektrum einer Gammaprobe von der Lagerstätte Javorka

Unter Berücksichtigung der Widerstandsänderungen, ganz besonders bei Messungen rechtwinklig zur Struktur, und der begrenzten Möglichkeiten für die Profilwahl erwies sich die symmetrische Vierelektrodenanordnung parallel zur Struktur am vorteilhaftesten. Die Wahl der Elektrodenabstände ist bei jeder Lokalität von einer Reihe spezifischer Bedingungen abhängig. Bei Javorka wurde die Anordnung AB = 10 m, MN = 2 m verwendet. Die kartierten Widerstandsbereiche entsprechen den Gangstrukturen (Abb. 1).

Neben den Widerstandsmessungen kann man ausnahmsweise eine Fluorit-Baryt-Struktur auch mit anderen geophysikalischen Methoden, z. B. radiometrisch, nachweisen. Die Messungen dieser Art im Tal von Harrachov zeigten erhebliche Unterschiede in der Radioaktivität zwischen dem Nebengesteinsgranit (20 bis 60 μr/h) und der nichtaktiven fluor-barytischen Gangfüllung. In tektonisch gestörten Zonen konnte das Austreten von Radon festgestellt werden; auf der Oberfläche wurden emanometrische Anomalien gemessen. In all diesen Fällen handelt es sich um Gangstrukturen ohne Berücksichtigung der mineralischen Zusammensetzung. Um die Erkundung ökonomisch bedeutungsloser Anomalien zu vermeiden, wurde eine Methode für den direkten Nachweis von Fluor und Barium gesucht.

Aus der Literatur ist bekannt, daß bei einer geophysikalischen Ermittlung der Mächtigkeit von Fluoritgängen die Neutronenaktivierungsanalyse verwendet wird. Das Bestreben, diese Methode für Oberflächenmessungen anzuwenden, stieß auf eine Reihe von Schwierigkeiten (Niederbringen der Bohrungen, großes Gewicht und Abmessungen der Apparatur, Sicherheitsvorschriften u. ä.). Wir wählten deshalb die gangbare Art der labormäßigen Aktivierungsbestimmung von Fluor und Barium in Proben, die im Gelände in unterschiedlichen Tiefen des Schutts, etwa wie bei der geochemischen Prospektion, genommen wurden.

Die Aktivierungsbestimmung von Fluor und Barium

Das Prinzip der Aktivierungsanalyse und die Möglichkeiten sind in einem informativen Artikel bereits beschrieben worden (Geologický průzkúm, 11 (1969), 4, S. 106). Für die Prospektion von Fluorit und Baryt wurde eine einfache, semiquantitative Schnellmethode der Aktivierungsbestimmung von Fluor und Barium entwickelt. Dabei werden Proben verarbeitet, die der Verwitterungskruste und dem Schutt entstammen, die den Profilen höffiger Bereiche entnommen wurden. Da Fluorit meist von Baryt begleitet wird und Baryt — wegen des leichter verwitternden Fluorits — in den oberen Partien die dominierende Komponente darstellt, wird Barium bestimmt. Die Kerneigenschaften beider Elemente ermöglichen ihre Bestimmung mittels Neutronengenerator von hoher Empfindlichkeit auch in einer so komplizierten Matrix, wie dies die Gesteine darstellen, in denen fluor-barytische Gänge vorkommen.

Zur Aktivierungsbestimmung des Fluors mit schnellen Neutronen kann man folgende Aktivierungsreaktion verwenden:

$$^{19}\mathrm{F}(n, p)\,^{19}\mathrm{O} \qquad (2)$$

Dabei werden ein Beta-Gamma-Strahler mit einer Halbwertszeit von 29,4 s und eine Gammastrahlungsenergie von 197 keV und 1,36 MeV verwendet.

$$^{19}\mathrm{F}(n, \alpha)\,^{16}\mathrm{N} \qquad (3)$$

Das ergibt das Produkt eines Beta-Gamma-Strahlers mit einer Halbwertszeit von 7,4 s und einer Gammastrahlungsenergie von 6,13 MeV und 7,11 MeV.

$$^{19}\mathrm{F}(n, 2n)\,^{18}\mathrm{F} \qquad (4)$$

stellt das Produkt eines Positionsstrahlers mit einer Halbwertszeit von 1,87 h dar, der durch die Anihilation der Positronen eine Gammastrahlung von 511 keV Energie abgibt.

Für eine rasche Bestimmung des Fluors mittels Neutronengenerator ist die Reaktion (2) am vorteilhaftesten; denn sie ist sehr empfindlich. Man kann kurze Bestrahlungs- und demnach kurze Meßzeiten wählen, und es ergeben sich keine Interferenzreaktionen, durch die das Radionukleid ^{19}O in größerem Maße aus anderen Elementen entstehen könnte, die in der Probe enthalten sind.

Die Reaktion (3) wird häufig für die Aktivierungsbestimmung von Fluor in Erzen und Konzentraten verwendet, wobei als Strahlung eine Neutronenquelle vom Typ Ra-Be benutzt wird. Für eine Fluorbestimmung mittels Neutronengenerator ist diese Reaktion nicht anwendbar, da bei einer Neutronenenergie von

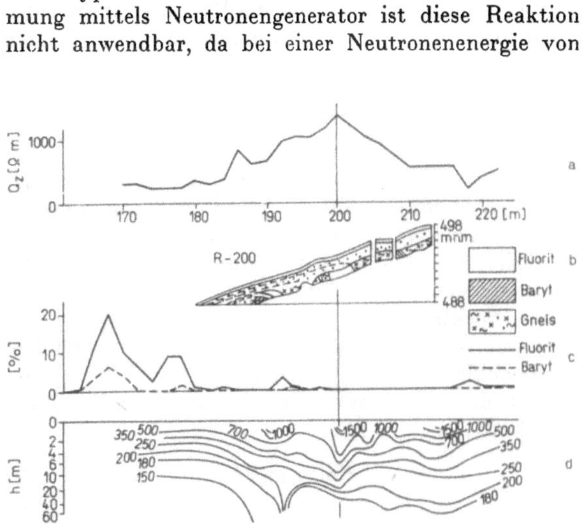

Abb. 3. Vergleich der Mehrergebnisse über einer Gangstruktur mit fluor-barytischer Vererzung der Lagerstätte Javorka

a — spezifischer Widerstand; b — geologisches Profil des Schurfes; c — Gehalt an Fluorit und Baryt in den genommenen Proben; d — Widerstandsschnitt

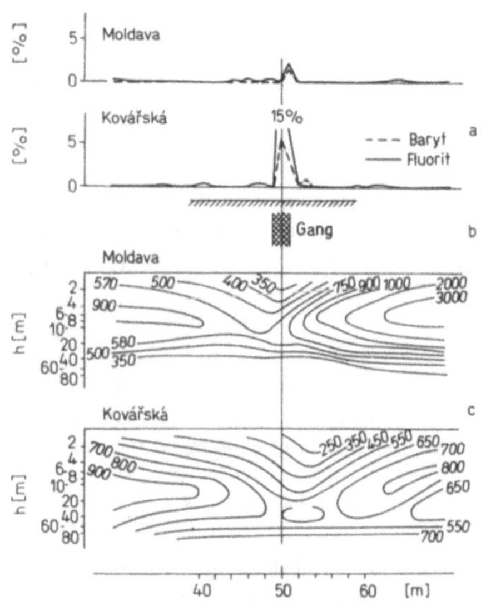

Abb. 4. Vergleich der Meßergebnisse der Lagerstätten Moldava und Kovářská

a – Fluorit- und Barytgehalt; b – schematische Darstellung eines Fluorit-Baryt-Ganges; c – Widerstandsprofil

14 MeV das Radionukleid ^{16}N aus dem Sauerstoff der Reaktion in weit größerem Maße entsteht:

$$^{16}\mathrm{O}\,(n,\,p)\,^{16}\mathrm{N} \tag{5}$$

Die Reaktion (4) kann nur dann eingeleitet werden, wenn in dem zu analysierenden Material keine Elemente vorhanden sind, die bei einer Bestrahlung mit schnellen Neutronen keine Positronenstrahler mit einer längeren Halbwertszeit entwickeln. Außerdem erfordert diese Reaktion eine lange Bestrahlungs- und Meßdauer. Deshalb ist sie für eine Schnellanalyse ungeeignet. Zur Aktivierungsbestimmung des Bariums mit schnellen Neutronen wird am zweckmäßigsten die Reaktion

$$^{138}\mathrm{Ba}\,(n,\,2n)\,^{137m}\mathrm{Ba} \tag{6}$$

genutzt. Dabei werden ein isometrischer Gammastrahler mit einer Halbwertszeit von 2,6 min und eine Gammastrahlungsenergie von 662 keV eingesetzt. Die übrigen Reaktionen bringen weit kleinere Aktivitäten der resultierenden Radionukleide.

Im Spektrum der bestrahlten Gesteinsprobe ist diejenige Linie die dominierende Komponente, die dem Radionukleid ^{28}Al ($E = 1{,}78$ MeV, $T = 2{,}3$ min) angehört, das vor allem aus dem Isotop Quarz ^{28}Si durch die Reaktion

$$^{28}\mathrm{Si}\,(n,p)\,^{28}\mathrm{Al} \tag{7}$$

entsteht. Die Linien der Produkte der Reaktionen (2), (4) und (6) sind auf dem Comptonkontinuum des Spektrums ^{28}Al überlagert. Ein typisches Gammaspektrum einer Probe aus Javorka ist in Abb. 2 dargestellt.

Eine Probe von ungefähr 2 g Gewicht wird über eine Dauer von 10 s einem Bündel schneller Neutronen ausgesetzt, das ein Neutronengenerator liefert. Nach der Bestrahlung wird die Probe automatisch einem Detektor zugeleitet und nach Zerfall der kurzlebigen Nukleide die Aktivität mit einem 512kanaligen Analysator gemessen. Aus dem gewonnenen Spektrum wird dann der Gehalt an Fluor (Linienintensität 197 keV) und an Barium (Linienintensität 662 keV) durch direktes Ablesen aus der bildlichen Aufzeichnung des eingebauten Oszillographen ausgewertet. Von einer rechnerischen Bearbeitung des Spektrums haben wir deshalb Abstand genommen, weil man durch direktes Ablesen Fluor und Barium in Prozentkonzentrationen mit einem relativen Fehler von ungefähr 30% bestimmen kann. Was die Empfindlichkeit der Bestimmung anbelangt, so ist sie für Zwecke der Prospektion vollkommen ausreichend. Im Spektrum kann man die Linien des Fluors und Bariums bei einer Konzentration von 0,2% mit Sicherheit unterscheiden. Da die Konzentrationen des Fluors in Eruptivgesteinen maximal einige Hundertstel Prozent erreichen und in den übrigen Gesteinen noch wesentlich niedriger liegen, können die mit dieser Methode nachgewiesenen Konzentrationen lediglich von Fluoritmineralisationen herrühren.

Auch ein gleichzeitiges Ablesen des $Si(SiO_2)$-Gehalts aus der Linie 1,78 MeV wäre in Erwägung zu ziehen. Der SiO_2-Gehalt bewegt sich meist um 40%; dann indiziert der grundlegend erhöhte Gehalt an SiO_2 das Vorhandensein eines Quarzgangs, der als Hilfsindex angesehen werden kann.

Kontrollmessungen

Die vorgeschlagene Methode der direkten Suche von fluor-barytischen Gängen wurde von vier Fluoritlagerstätten mit bekanntem geologischem Aufbau und durch Schürfgräben belegtem Verlauf der Gänge überprüft. Ein anschauliches Beispiel einer Kombination beider Methoden ist die Messung Javorka (Abb. 3). Die Nichtübereinstimmung der Maxima für den Fluor- und Bariumgehalt kann man durch eine Verschiebung des Schutts entlang dem steilen Hange erklären, wie aus Abb. 3b ersichtlich ist. Ähnliche Anomalien wurden bei bekannten Gängen von zwei weiteren Lagerstätten festgestellt (Abb. 4).

Die Kontrollmessungen zeigten, daß geoelektrische Methoden, kombiniert mit der Aktivierungsanalyse von Proben, die aus Anomalien in einem bekannten Revier stammen, die Prospektion von Fluoritgängen erleichtern, das heißt, daß sie die Erkundung auf die am meisten perspektivischen Zonen zu orientieren ermöglichen und damit die Schürfarbeiten wesentlich begrenzen.

Allerdings muß man bedenken, daß die petrophysikalischen und geologischen Verhältnisse für die einzelnen Lokalitäten verschieden sind, so daß man diese Methode nicht als universell ansehen kann. Es ist unser Bestreben, sie weiter auszuarbeiten, ihre Anwendbarkeit in allen interessierenden Bereichen zu erkunden und vor allem eine Methodik der Probenahme (Probenahmetiefe, Entfernung der Punkte) zu entwickeln, um so die besten Ergebnisse zu erreichen.

Zeitschrift für angewandte Geologie, Bd. 17 (1971), Heft 8

Dynamische Fazies und Subfazies der Grundmoräne

J. A. Lawruschin, UdSSR

Die Grundmoräne der Festlandsvereisung ist ein gesetzmäßig aufgebauter genetischer Typ kontinentaler Ablagerungen, bei deren Akkumulation der Dynamik der Gletscherbewegungen die Hauptrolle zukommt. Wie die Glaziologen feststellten, sind die Hauptbewegungsarten des Eises in den Gletschern das plastische Fließen, das blockweise Gleiten auf dem Untergrund und die Eisverschiebungen entlang innerer Gleitlinien (Schumskij 1965; u. v. a.).

Die intensive geologische Wirksamkeit des Gletschers an der Kontaktfläche Gletscher/Untergrund führt zur Anreicherung seiner unteren Schichten mit klastischem Material. Im Ergebnis bildet sich moränenhaltiges Eis, das den Ursprung der abgelagerten Grundmoränen darstellt. Die Formierung des moränenhaltigen Eises erfolgt während des plastischen Fließens oder blockweisen Gleitens auf dem Untergrund durch das Einpressen einzelner Bruchstücke der anstehenden Gesteine in das Eis sowie durch Abreißen von Geländeaufragungen im Gletscherbett, insbesondere bei plötzlichen Eisverschiebungen entlang innerer Bruchflächen usw. Man muß betonen, daß der Bildungsprozeß moränenhaltigen Eises eng mit allen drei Bewegungsarten des Gletschers zusammenhängt. Ein beliebiges, vom Untergrund gelöstes Gesteinsstück wird unabhängig von seiner Größe von dem durch Druck plastischen Eis umflossen. Somit ist das moränenhaltige Eis ein gesetzmäßiger Bestandteil des Gletschers, nimmt aktiv an den Eisbewegungen teil und ordnet sich allen seinen Gesetzmäßigkeiten unter. Wegen der größeren inneren Reibung erfolgt die Bewegung des moränenhaltigen Eises jedoch insgesamt langsamer als die der unmittelbar darüber liegenden Eisschichten. Das Zurückbleiben ist besonders für die tiefsten, mit klastischem Material überladenen Schichten wesentlich, für deren Vorwärtsbewegung immer größere Auflasten und Druckgradienten erforderlich werden.

Am Gletscherrand verringern sich die Belastungen der unteren Schichten und werden schließlich unzureichend für das Überwinden der inneren Reibung in den untergrundnahen moränenhaltigen Eisschichten und für das Auslösen der notwendigen Plastizität. Im Endergebnis verharren sie und verwandeln sich in ein unbewegliches Substrat, auf dem die überlagernden Schichten ihre Bewegung fortsetzen. Somit beginnt in einer gewissen Entfernung vom Zentrum des Festlandsgletschers die Akkumulation der unbeweglichen Grundmoräne, die sich Schicht um Schicht ablagert.

Doch ist damit der Bildungsprozeß der Grundmoräne nicht abgeschlossen. Die zum Stillstand gekommene eisgesättigte Grundmoräne wird im weiteren unter dem Einfluß gewisser Prozesse der Dynamometamorphose des Eises (Schumskij 1955) wesentlich umgebildet, was sich vor allem im Ausquetschen des Eises aus der Grundmoräne während der dynamischen Einwirkung des Gletschers ausdrückt. Somit verläuft die Ablagerung der Grundmoräne unter Umgehung der aquatischen Phase (Schanzer 1966; Lawruschin 1969, 1970).

Man muß diesen überaus allgemeinen Vorstellungen über die subglaziale Akkumulation der Grundmoräne hinzufügen, daß deren Bildung nicht nur im peripheren Bereich eines Festlandsgletschers, sondern auch in den tieferen, dem Zentrum näher liegenden Zonen erfolgen kann. Doch besitzt die Akkumulation hier isolierten Charakter und kann durch Unebenheiten des subglazialen Reliefs oder plötzliche Geschwindigkeitsänderungen bei der Vorwärtsbewegung des Gletschers hervorgerufen worden sein. In Analogie dazu gibt es im Akkumulationsgebiet der Grundmoräne isolierte Exarationsbereiche. Darüber hinaus wird das Gesamtbild der Grundmoränenablagerung noch komplizierter, wenn man sich ständig vor Augen führt, daß die Gletscherdecke ihrer Struktur nach eine ziemlich inhomogene Bildung darstellt. Es ist jetzt bekannt, daß innerhalb der rezenten Eisdecken Grönlands und der Antarktis und sogar innerhalb kleinerer Eiskuppeln Bereiche mit schnellerer („Eisströmen") und mit langsamerer Bewegung des Eises existieren (Jewtejew 1963; Croswald 1964; Fristrup 1958). Die Geschwindigkeitsunterschiede in der Eisbewegung verursachen einen ungleichen Exarationsgrad des Gletscherbetts und folglich eine unterschiedliche Mächtigkeit des moränenhaltigen Eises und der zurückbleibenden Grundmoräne.

Einen großen Einfluß auf die Mächtigkeit der Grundmoräne hat auch der dynamische Zustand der Eisdecke, d. h., ob sie einem Rückzug oder einem Vorstoß unterliegt. In jedem Falle wird der Aufbau der Grundmoräne jedoch von der Bewegungsart des Gletschers kontrolliert. Das innere Wesen der Sedimentationsdynamik des moränenhaltigen Eises findet seinen unmittelbaren Ausdruck im Auftreten verschiedener Typen der Verformung und der Dynamometamorphose des Gletschers. Diese Typen sind durch das plastische Fließen des Eises und durch die Bewegung von Gletscherschuppen entlang innerer Gleitlinien bedingt. Reliktartige Merkmale dieser Prozesse, glaziodynamische Texturen genannt, wurden in den fossilen Schichten der Grundmoräne entdeckt. Das Studium der glaziodynamischen Texturen bietet die Möglichkeit, die Akkumulationsdynamik bei der Bildung der Grundmoränenschichten zu erkennen; hier kann somit ein Schlüssel liegen, der zur faziellen Gliederung der Grundmoräne auf dynamischer Grundlage dient (Lawruschin 1969, 1970).

Die Arbeitsergebnisse der Glaziologen sowie die Ergebnisse eigener Untersuchungen, die in den letzten Jahren zur Klärung der wichtigsten Besonderheiten im Bau des moränenhaltigen Eises in Gebieten rezenter (Spitzbergen, Grönland) und pleistozäner Vereisung (Russische Tafel, Polen) durchgeführt wurden, erlauben die Schlußfolgerung, daß das plastische Fließen des Eises und die Bewegung von Eisschuppen entlang innerer Gleitbruchlinien die Hauptrolle bei der Akkumulation der Grundmoräne spielen. Diese Arten der Eisbewegung verursachen die wichtigsten und wesentlichsten Besonderheiten des Baues der Grundmoränen. Deshalb erachtet es Verf. für möglich, vor allem die beiden dynamischen Fazies: einer bei vorwiegend plastischer Fortbewegung des Eises abgelagerten Grundmoräne und einer bei vorwiegender Bewegung des Eises entlang innerer Gleitbruchlinien entstandenen Grundmoräne, zu unterscheiden. Örtlich sind verschleppte Schollen des Untergrunds ein kennzeichnendes Merkmal der Grundmoränen. Die Entstehung der Schollen ist dynamisch ebenfalls an die Bewegung von Eisschuppen entlang innerer Gleitbruchlinien gebunden.

Tabelle

	Fazies	Subfazies
GRUNDMORÄNE	Fazies der plastischen Fließbewegung	Subfazies des schichtweise differenzierten plastischen Fließens des Eises
		Subfazies der Mylonitisierungszonen
		Subfazies der Auspressungszonen
		Subfazies des verlangsamten Fließens des Eises
		Subfazies der Akkumulationsausgangsgebiete
		Subfazies der Flutmoräne
	Fazies großer Schollen	
	Fazies der schuppigen Moräne	Subfazies der schuppigen Moräne mit Relikten plastischer Fließtexturen
		Subfazies der schuppigen Moräne mit gut ausgebildeten Drucktexturen
		Subfazies der schuppigen Moräne mit Auftreten von Glaziodiapiren, Glaziokuppeln und Glaziostöcken
	Fazies der umgebildeten Moräne	Subfazies der Schlammschuttströme
		Subfazies der perluvialen Ablagerungen

Eingang des Manuskripts in der Redaktion: 12. 8. 1970.
Übers.: H. Käbel, Berlin.

Eine mit erratischen Schollen angereicherte Grundmoräne ist die dritte gleichwertige Ablagerungsgruppe, die als selbständige dynamische Fazies ausgegliedert werden kann. Eine gewisse Sonderstellung nehmen schließlich die Ablagerungen der Fazies einer umgebildeten Grundmoräne ein, die faktisch nicht mit der Dynamik der Gletscherbewegungen in Zusammenhang steht (Tab.).

Die Ausgliederung dieser dynamischen Fazies der Grundmoräne sowie das Studium ihrer wechselseitigen räumlichen Verbindung besitzen unseres Erachtens prinzipielle Bedeutung für die Kennzeichnung dieses komplizierten genetischen Typs kontinentaler Sedimente und gestatten im weiteren, eine Reihe interessanter Schlußfolgerungen in paläoglaziologischer Hinsicht zu ziehen.

Im folgenden sei versucht, kurz die Grundzüge des Baues und einige Besonderheiten der Akkumulationsdynamik der ausgegliederten Fazies zu umreißen.

Fazies der bei vorwiegend plastischem Fließen des Eises abgelagerten Grundmoräne

Im allgemeinen kann das plastische Fließen nur bei der Entwicklung von Scherverformungen beginnen. Die Möglichkeit des plastischen Fließens ergibt sich bei Hangneigungen von 1° bereits bei Eisdicken von 62,5 m. In diesem Fall reicht das Gewicht der Eisdecke für die Überwindung der elastischen Scherfestigkeit aus (SCHUMSKIJ 1955).[1])

Bei Gebirgsgletschern ist die Schwerkraftkomponente Hauptursache für das Auftreten plastischer Fließbewegungen. Bei Festlandsgletschern drückt sich dieselbe Bewegungsart in einem radialen Auseinanderfließen vom Nährgebiet unter dem Einfluß des Gewichts der Eismassen aus. Bestimmender Faktor für das Auftreten plastischer Fließbewegungen im Festlandseis sind die horizontalen Druckgradienten. Diese entstehen infolge einer Mächtigkeitsverringerung des Eises vom Zentrum des Schildes aus zur Peripherie und durch eine Vergrößerung des Oberflächengefälles des Gletschers in gleicher Richtung. Daher kann man annehmen, daß im inneren Teil einer idealen, in ihrer gesamten Struktur homogenen Eisdecke, bei der die Oberfläche fast horizontal ist und dementsprechend die horizontalen Druckgradienten verschwindend klein sind, ein merkliches plastisches Fließen nur in großen Tiefen auftreten kann, in denen ein hoher vertikaler Druck herrscht. Näher zum Rand der Eisdecke hin nimmt ihr Oberflächengefälle zu; somit vergrößern sich die Druckgradienten, und das plastische Fließen kann einen beträchtlichen Teil der Eisbedeckung erfassen. Am Rande der Eisdecke schließlich sind die Eismächtigkeiten und vertikalen Drücke klein, wodurch sich die Rolle der plastischen Verformungen verringert.

Die vielfältige Entwicklung der plastischen Fließbewegungen in den Gletschern bedingt eine Reihe charakteristischer Merkmale im Bau der unter solchen Bedingungen abgelagerten Grundmoräne. Vor allem bildet die Grundmoräne dieser Fazies eine einheitliche mehr oder weniger monolithische Schicht. Sie ist gekennzeichnet durch das Auftreten sehr verschiedener glaziodynamischer plastischer Fließtexturen (LAWRUSCHIN 1969), eine insgesamt erhöhte Dichte (EASTERBROOK 1964; SCHANZER 1966; LAWRUSCHIN 1969) und durch eine orientierte Einregelung der Längsachsen der Geschiebe und feineren Teilchen entlang der Bewegungsrichtung des Gletschers (SCHANZER 1966; RICHTER 1936; SEIFERT 1954 u. v. a.).

Man muß hervorheben, daß die Erscheinungsformen der plastischen Fließbewegungen des Eises im Sohlbereich der Gletscherdecke nicht nur von den obenbeschriebenen Umständen, sondern auch von der Geländeform an der Gletscherunterkante und den anstehenden Gesteinen abhängt. Sie bewirken eine etwas unterschiedliche Akkumulationsdynamik der Grundmoräne in den einzelnen Bereichen der eisbedeckten Fläche. Infolgedessen kann die bei plastischen Fließbewegungen gebildete Grundmoräne von Ort zu Ort ihren Aufbau ändern, ohne jedoch jene Grundzüge einzubüßen, die bei der allgemeinen Beschreibung dieser Fazies aufgezählt wurden. Die Ablagerungen der Grundmoräne, die sich bei etwas unterschiedlicher Art der plastischen Fließbewegungen, d. h. bei etwas unterschiedlichen dynamischen Verhältnissen, bildeten, werden als entsprechende Subfazies ausgegliedert. Deren erste ist die Subfazies einer Grundmoräne, die infolge eines gutdifferenzierten schichtweisen Fließens des Eises abgelagert wurde. Die Intensität der plastischen Scherdeformationen hängt nicht nur von Größe und Ansatzrichtung der mechanischen Spannungen in der Eisdecke ab, sondern auch von den Eigenheiten ihrer inneren Struktur. Die innere Struktur des Eises ist inhomogen und wechselt von Schicht zu Schicht. Sie verändert sich während der Umkristallisation, die das plastische Fließen begleitet. In ihrem Ablauf ändert sich die Fließgeschwindigkeit sprunghaft, und das Fließen des Eises nimmt schichtweisen Charakter an. An den Grenzen der Schichten mit unterschiedlichen Fließgeschwindigkeiten entstehen Gleitflächen, entlang deren sich die Eisplatten gegeneinander verschieben. An den Gleitflächen entsteht Reibungswärme, die ein zeitweiliges Schmelzen des Eises bedingt, das später von einer erneuten Kristallisation abgelöst wird. Wie die Mehrzahl der Glaziologen annimmt, führt eben dieser Prozeß zur Herausbildung blauer Bänder, die der Gletscherschicht eine charakteristische Streifung verleihen. Für uns ist an diesem Prozeß äußerst wichtig, daß bei der Bildung der blauen Bänder die Luftbläschen nach oben entweichen und das eingeschlossene Moränenmaterial beim Schmelzen nach unten sinkt. Die glaziodynamischen Texturen abgelagerter Moränen, die einer schichtweise differenzierten Fließbewegung der Eisdecke entsprechen, sind plattenförmig

Abb. 1. Horizontale Bänderung moränenhaltigen Eises im Gletscher, hervorgerufen durch Einschaltung blauer Bänder
Diese Bänderung ist eine Folge des schichtweise differenzierten plastischen Fließens des Eises (Grönland).

Abb. 2. Plattige Textur der Grundmoräne
Kennzeichen für ein schichtweises plastisches Fließen des Eises (Oberlauf der Wolga)

[1]) Die elastische Scherfestigkeit des Gletschereises bei 0 °C übersteigt nicht 0,1 kp/cm², eine merkliche Bewegung beginnt aber erst bei Spannungen von etwa 1 kp/cm².

Abb. 3. Texturen beim Erfassen der unterlagernden Gesteine (Oberlauf der Wolga)

links – Erfassen pleistozäner Flußsande; rechts – Erfassen von Ablagerungen der Oberen Kreide

ausgebildet. Die plattige Grundmoräne besitzt auf dem Gebiet der Russischen Tafel große Verbreitung. Ihre auffälligste Besonderheit besteht im Vorhandensein dünner (Millimeterstärke und kleiner), horizontal angelegter oder einander leicht schneidender, ziemlich weit aushaltender Sandbeimengungen, die die Schicht plattig erscheinen lassen. Die Sandstreifen werden als Relikte der blauen Bänder aufgefaßt. Die Stärke der Moränenlagen zwischen den Sandstreifen kann unterschiedlich sein und schwankt von wenigen Zentimetern bis zu 10 bis 20 Zentimetern, manchmal auch etwas mehr (LAWRUSCHIN 1970).

Es ist gleichfalls von Wichtigkeit, zu unterstreichen, daß das innere Gleiten des Eises als starker gesteinszerreibender Faktor wirksam wird und zu einer Verschleppung der Zertrümmerungsprodukte entlang den Schichten sowie zu ihrer allmählichen Vermischung führt. Die Spuren einer solchen Verschleppung sind besonders klar im unteren Teil der Moräne ausgeprägt. Die Ausbildung von Gleitflächen am Kontakt zum unebenen Gletscherbett erfolgt nicht immer parallel zum letzteren. Oft reichen die Gleitflächen über den Grenzbereich Untergrund/Eis hinaus und dringen in die Gletscherdecke ein. Dadurch erfolgt während des schichtweisen plastischen Fließens ein Erfassen der Gesteine des Gletscherbetts, das sich in den fossilen Moränenschichten dieser Subfazies in Form von Streifen oder Zungen widerspiegelt, die sogenannte glaziodynamische Integrationstexturen bilden (LAWRUSCHIN 1970).

Diese Texturen wurden des öfteren in verschiedenen rezenten oder auch pleistozänen Vereisungsgebieten beobachtet. Sie sind ein kennzeichnendes Merkmal der Subfazies des schichtweisen plastischen Fließens.

Endlich drückt sich der Mechanismus des plastischen Fließens auch innerhalb der Eisstreifen aus. Die Spuren dieses Fließens sind gewöhnlich als in Richtung des inneren Gleitens verformte Ketten von Luft- oder Feinerdeeinschlüssen vertreten, die eine innerhalb der Schicht befindliche Mikroschertextur des Gleitstreifens bilden. Diese Mikroscherflächen innerhalb der Bänder spiegeln das innere Abscheren der Eiskristalle wider. In ausgesprochen lehmigen oder lehmsandigen Moränen sind die schuppenartig übereinander lagernden Plättchen, die der Schicht eine spezifische transversale Schieferung (Clivage) verleihen, Erscheinungsformen des plastischen Fließens. Bei Auflockerung zerfällt die Moräne in diesem Falle in sehr charakteristische Stücke mit bröckliger Absonderung. Sie sind mit Eisenoxidhäutchen bedeckt oder weisen eine geringe Sandschüttung auf den Bruchflächen auf. Diese Absonderungsstücke sind das Merkmal innerer glaziodynamischer Gleitstreifentexturen.[2])

[2]) Bröckelförmige Texturen können sich auch sekundär unter dem Einfluß eines periodischen Durchfrierens und Auftauens sowie bei Durchfeuchtung und Austrocknung der zutage tretenden Grundmoräne bilden. Deshalb müssen ziemlich tiefe Freilegungen zur Feststellung ihrer primären glaziodynamischen Natur vorgenommen werden. Gleichzeitig ist es nicht uninteressant zu erwähnen, daß eine derartige Absonderung vom Verf. in den präkambrischen Phylliten der Sveanor-Formation auf Spitzbergen beobachtet wurde.

Das sind die allgemeinen Merkmale der dynamischen Verhältnisse bei der Ablagerung einer Grundmoräne infolge schichtweisen differenzierten plastischen Fließens des Eises und ihre hauptsächlichen texturellen Besonderheiten.

Die nächste Subfazies ist eine Grundmoräne, die bei intensiver sohlennaher Zertrümmerung des Eises abgelagert wurde. Diese Erscheinung hängt mit dem Auftreten plötzlicher Geschwindigkeitsabfälle und erhöhter horizontaler Drücke in der Nähe von Aufragungen des Gletscheruntergrundes zusammen. Die aus festen Gesteinen bestehenden Hindernisse bremsen die Bewegung des Eises. Dabei entwickelt sich im sohlennahen Bereich des Gletschers neben dem plastischen Fließen ein intensiver Zertrümmerungsprozeß bzw. die Mylonitisierung des Eises. Die Ergebnisse einer intensiven Mylonitisierung wurden vom Verf. mehrmals in Schichten moränenhaltigen Eises beobachtet, und zwar in Zonen, die den proximalen Hängen der Rundhöcker anliegen. In solchen Bereichen war im moränenhaltigen Eis eine überaus komplizierte Verteilung von kleinen Linsen unterschiedlicher Eistypen zu bemerken, die ein granulometrisch inhomogenes Material einschlossen. Ein Teil dieser kleinen Linsen war von sehr dicht nebeneinander liegenden Gleitflächen durchsetzt. Andere besaßen Tropfenform, die der Schicht insgesamt eine sehr spezifische gneisartige Textur verlieh (Abb. 1).

Es bestehen also im untersten Teil des Gletschers in dafür geeigneten Bereichen bzw. sogar ganzen Zonen von ziemlich großer Ausdehnung überaus komplizierte dynamische Bedingungen für die Akkumulation der Grundmoräne, wobei das plastische Fließen infolge stark erhöhter Druckgradienten von einer Mylonitisierung des Eises begleitet wird. Daraus entsteht eine lithologisch äußerst uneinheitliche Moräne, für die das dichte Nebeneinander von Linsen unterschiedlichen Materials kennzeichnend ist. Eine weitere charakteristische Besonderheit der Ablagerungen dieser Subfazies stellt eine klar ausgeprägte schiefrige oder gneisartige Textur dar. Am häufigsten sind die Ablagerungen der Subfazies der Mylonitisierungszonen an Reliefaufragungen im Gletscherbett gebunden.

Von vielen Autoren werden bei der Untersuchung der Grundmoränen Bereiche beschrieben, in denen die Moräne intensiv gefaltet ist. Solche Bereiche können als Subfazies der Auspressungszonen ausgegliedert werden. Glaziologische Untersuchungen ergaben, daß die Auspressungszonen an Abschnitte gebunden sind, in denen die Gletscherbewegung durch Hindernisse aufgehalten oder aus irgendeinem anderen Grund gehemmt wird. Der Druck der nachrückenden Eismassen ergibt hohe horizontale Druckgradienten. Dabei wird das plastische Fließen durch Auspressungsprozesse kompliziert. Das Auspressen wird gewöhnlich von der Bildung verschiedenartiger Faltentypen begleitet. Die Faltungszonen in den Grundmoränen sind zweifelsohne einer besonderen dynamischen Situation in den unteren Teilen der Gletscherdecke zugeordnet. Meines Erachtens ist es angebracht, die hier zur Ablagerung gekommenen Bildungen als selbständige Subfazies der Auspressungszonen auszugliedern (LAWRUSCHIN 1970).

Zeitschrift für angewandte Geologie, Bd. 17 (1971), Heft 8

Des öfteren werden Ablagerungsbereiche der Grundmoräne beschrieben, in denen die plastischen Fließtexturen unklar ausgeprägt sind oder über kürzere Entfernung hin überhaupt fehlen. Wahrscheinlich kann die Akkumulation einer solchen monolithischen Grundmoränenschicht ebenfalls mit einer spezifischen dynamischen Situation im Sohlbereich des Gletschers in Zusammenhang gebracht werden, wenn nämlich die Gleitflächen über weite Strecken hin voneinander getrennt sind. Man muß einschränken, daß derartige, relativ seltene und schwach ausgeprägte Gleitflächen in durchfeuchteten Aufschlüssen von lehmigen und lehmsandigen Moränen sehr schwer zu erkennen sind, da die sie markierenden überaus feinen Sandbeimengungen nur bei äußerst sorgfältiger Beobachtung gefunden werden. Es gibt daher Grund zu der Annahme, daß es in der Natur kaum Moränen gibt, in denen die glaziodynamischen Texturen völlig fehlen, mit Ausnahme der groben kiesig-blockartigen Varietäten. Doch existieren ohne Zweifel Grundmoränenteile, in deren Profilen diese Texturen schwach ausgebildet sind. Eine eingehendere dynamische Deutung dieser Ablagerungen kann gegenwärtig nicht gegeben werden; weitere Untersuchungen sind notwendig. Dessenungeachtet hält es Verf. in Anbetracht der ziemlich weiten Verbreitung einer derartigen relativ monolithischen Grundmoräne für möglich, sie in eine Subfazies der Zonen verlangsamter plastischer Fließbewegungen auszugliedern.

Zur Zeit gibt es Veranlassung, die Unterscheidung zwei weiterer Subfazies der Grundmoräne zu diskutieren, deren Ablagerung gleichfalls im Verlauf des plastischen Fließens erfolgt. Das sind vor allem Sedimente, die an den „Ursprüngen" der Akkumulation in der Transportzone des Moränenmaterials abgelagert werden. Hier ist an eine Moräne gedacht, die in Gebieten plötzlicher Verlangsamung der Fließgeschwindigkeiten des Eises in der Nähe von Aufragungen der Untergrundgesteine akkumuliert wird. Als typisches Beispiel für solche Bildungen kann die Moräne in sogenannten Drumlin-Landschaften dienen. Ergebnis des entgegengesetzten dynamischen Vorgangs, bei besonders schneller Vorwärtsbewegung des Gletschers, sind spezifische Bildungen, die in der Literatur als Flutmoräne beschrieben werden. Es ist nicht ausgeschlossen, daß die weitere Untersuchung der Grundmoränen als eines genetischen Typs kontinentaler Bildungen Möglichkeiten aufdeckt, umfassender die dynamische Situation ihrer Akkumulation unter den Verhältnissen eines plastischen Fließens des Eises zu charakterisieren und die entsprechende Gliederung in Subfazies genauer durchzuführen.

Fazies der Grundmoräne, die vorwiegend durch Bewegung von Eisschuppen entlang innerer Gleitbruchlinien abgelagert wurde

Das Eis bewahrt neben der Plastizität stets auch die Eigenschaften eines festen Körpers (die Elastizitätsgrenze des Eises bei Druck und Dehnung ist doppelt so groß wie bei Schub). Große horizontale Drücke können eine lineare Weitergabe der Spannungen wie in einem Festkörper bewirken, so daß also jeder untergrundnahe Abschnitt des Gletschers den vor ihm liegenden vorwärtsstößt oder den hinter ihm gelegenen, eine andere plastische Fließgeschwindigkeit aufweisenden Abschnitt nach sich zieht. Eine derartige Bewegung bezeichnet man als schollenartiges Gleiten entlang der Gletschersohle. Man muß hervorheben, daß die Sohlreibung einen sehr großen Einfluß auf die Bewegungsart des Gletschers ausübt. Bei sonst gleichen Voraussetzungen ist die relative Rolle des plastischen Fließens um so größer und die Rolle des schollenartigen Gleitens um so kleiner, je größer die Reibung ist. Oft übersteigen die horizontalen Drücke beim schollenartigen Gleiten die Grenzdruckfestigkeit des Eises und verursachen die Bildung von Spaltflächen. Entlang diesen Spaltflächen und den inneren Druckflächen kann die gegenseitige Verschiebung der einzelnen Eisblöcke erfolgen. Dabei geht das schollenartige Gleiten in eine neue Bewegungsart des Eises über, in das Gleiten einer Serie von Eislamellen entlang innerer Bruchlinien oder, mit anderen Worten, in eine Bewegung entlang von Überschiebungen. Diese Bewegungsart wurde eingehend in der Literatur beschrieben (PHILIPPI 1920), genauso wie ihre Entsprechung im Bau der Grundmoräne (LAWRUSCHIN 1970).

Die dynamische Fazies der Grundmoräne, die durch Bewegung von Eisschuppen entlang innerer Gleitbruchlinien abgelagert wurde, weist eine Reihe von Besonderheiten auf. In erster Linie zeigt sie keine einheitliche monolithische Geschiebemergelschicht. Sie wird charakterisiert durch einen schuppigen Aufbau, bei dem Geschiebemergelschuppen mit Schuppen von Untergrundgesteinen abwechseln, die oftmals noch nicht vollkommen losgerissen wurden. Infolgedessen hat die Grundmoräne einen überaus wechselhaften komplizierten Aufbau. Während der Bewegung der Moränenschuppen entlang den inneren Gleitbruchlinien entstehen große Spannungen, in deren Folge des öfteren die glaziodynamischen plastischen Fließtexturen verwischt und die ursprüngliche Einregelung der langen Geschiebeachsen, die gewöhnlich

Abb. 4. Auspressungstexturen bei Gletschern auf Spitzbergen

1 — Zusammenfließen zweier Gletscher; 2 — liegende Falte im moränenhaltigen Eis; 3 — Faltung des moränenhaltigen Eises im Bereich einer Geländeaufragung im Gletscherbett

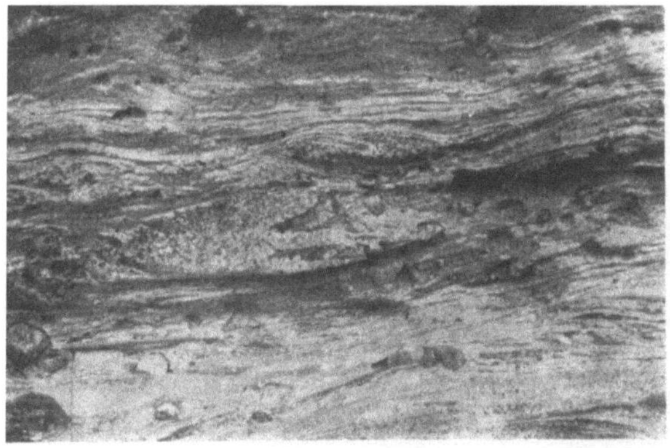

Abb. 5. Gneisartige Textur im moränenhaltigen Eis (Grönland)

in der Bewegungsrichtung des Gletschers liegen, merklich verzerrt werden.[3])

Der Sohle solcher Moränenschuppen sind oft glaziodynamische Texturen aus dem Vorgang sekundären plastischen Fließens zugeordnet, die parallel zu den Überschiebungsflächen verlaufen (LAWRUSCHIN 1970). Trotzdem kann man an einigen Stellen in den Moränenschuppen auch primäre glaziodynamische plastische Fließtexturen feststellen sowie andere interessante Besonderheiten, die sich aus dem Zusammenwirken des Gletschers mit seinem Untergrund ergeben, darunter Glaziodiapire, Glaziokuppeln und glaziale Stöcke.

Die Bewegung der Eisschuppen entlang innerer Gleitbruchlinien übt somit einen wesentlichen Einfluß auf den Bau der Grundmoräne aus und kennzeichnet besondere dynamische Voraussetzungen für die Grundmoränenakkumulation. Das Auftreten von Diskontinuitätsflächen im Gletscherkörper und die an ihnen stattfindenden Bewegungen können verschiedene Ursachen haben. Zu den wichtigsten und wahrscheinlichsten zählt man Gefälleänderungen des Gletscherbetts, die Vergrößerung des Moränenmaterials im Sohlbereich des Gletschers, plötzliche Geschwindigkeitsänderungen bei der Gletscherbewegung und endlich die merkliche Mächtigkeitsabnahme des Eises im peripheren Bereich des Gletschers. Die Vielfalt der angeführten Gründe macht deutlich, daß die Bewegungsart nicht nur einer bestimmten dynamischen Zone zuzuordnen ist, sondern vielen.

Wie bereits aus der allgemeinen Beschreibung der Ablagerungen dieser Moränenfazies hervorgeht, kommt die Bewegung des Eises entlang innerer Gleitbruchlinien morphologisch als eine Serie von Überschiebungen zum Ausdruck. Die Ablagerungen dieser Fazies kann man in drei Subfazies unterteilen, die sich hinsichtlich ihrer Charakteristika etwas voneinander unterscheiden. Die erste ist die Subfazies der schuppigen Grundmoräne mit fossilen Relikten der primären plastischen Fließtexturen in den Moränenschuppen. Die zweite ist die Subfazies der schuppigen Grundmoräne mit einer brekziösen Textur, die durch intensive Druckwirkungen in den Moränenschuppen entstand. Die dritte Subfazies ist schließlich die schuppige Grundmoräne mit den Spuren des Eindringens der überfahrenen Gesteine in die Moräne in Form von Glaziodiapiren, Glaziokuppeln und Glaziostöcken. Das Eindringen der Gesteine des Gletscherbetts in den Gletscher an Brüchen und Spalten, die bei der Verschiebung der Eisschuppen auf Gleitbruchlinien entstehen, ist noch nicht in allen Einzelheiten erforscht. Trotzdem lassen die vorliegenden Materialien den Schluß zu, daß diese Erscheinung beim Vorhandensein toniger, schluffiger oder sogar sandiger Gesteine im Untergrund des Gletschers Bedeutung erlangt hat, wenn sich die Eismassen sehr schnell entlang den Überschiebungen bewegten. Bei einer solchen intensiven dynamischen Einwirkung auf den Untergrund können die im Vergleich zum Eis bildsameren Gesteine auf den Spalten und Trennflächen eindringen und in den Moränenschuppen als Diapire, Stöcke und Kuppeln auftreten. Die Richtigkeit dieses Schlusses wird durch Angaben von ZYTOWITSCH (1945) untermauert, der feststellte, daß gefrorene Tone einen um eine ganze Stufe geringeren Viskositätsgrad besitzen als reines Eis. Die weite Verbreitung von Glaziodiapiren wurde für das Gebiet Polens (ROZYCKI 1961, 1967; RUTKOWSKI 1959) und Weißrußlands beschrieben.

An rezenten Gletschern beobachtete Verf. Glaziodiapirerscheinungen im axialen Bereich des Gletscherrands Frederichshob Isblink auf Grönland. Sie traten hier in einem von marinen Schluffen aufgebauten Teil des Gletscherbetts auf. An Hand einer ganzen Reihe von Merkmalen konnte festgestellt werden, daß der Gletscherrand kurz zuvor intensive schollenartige Bewegungen an Überschiebungen erfahren hatte. Die übereinandergeschobenen Schollen bzw. Eisschuppen waren von Spalten durchsetzt, entlang deren aus den Überschiebungszonen heraus ein Eindringen der Gesteine unter Bildung von Glaziodiapiren und Glaziostöcken erfolgte. Ebenso wie bei den pleistozänen Moränen war der Kontakt des moränenhaltigen Eises mit den eingedrungenen Diapiren und Stöcken sehr gut zu beobachten, was noch durch sekundäre kleine Scherflächen und Gleitbrüche unterstrichen wurde (Abb. 2).

Die innerhalb der Diapire vorhandene komplizierte Faltentextur sowie die vorkommenden „schwebenden" Geschiebe und Bruchstücke moränenhaltigen Eises zeugen eindeutig davon, daß das Eindringen in einem plastischen, doch nicht

Abb. 6. Überschiebung in einem aktiven Gletscher (Spitzbergen)

Abb. 7. Überschiebung innerhalb der Grundmoräne (Oberlauf der Wolga)

An der Basis der Moränenschuppe sind sekundäre plastische Fließtexturen parallel zur Überschiebungsfläche erkennbar.

[3]) Bei Einregelungsmessungen zur Bestimmung der Bewegungsrichtungen der Gletscherdecke ist dies unbedingt zu beachten. Methodisch richtig ist die Durchführung der Messungen in der Grundmoränenfazies, die bei plastischer Fließbewegung des Eises abgelagert wurde, und noch besser in der Subfazies des schichtweisen plastischen Fließens. Bei Vorhandensein mehrerer verschiedenaltriger Moränen können vergleichbare Ergebnisse nur bei der Aushaltung der Geschiebeeinregelung in gleichartigen Fazies bzw. Subfazies erlangt werden.

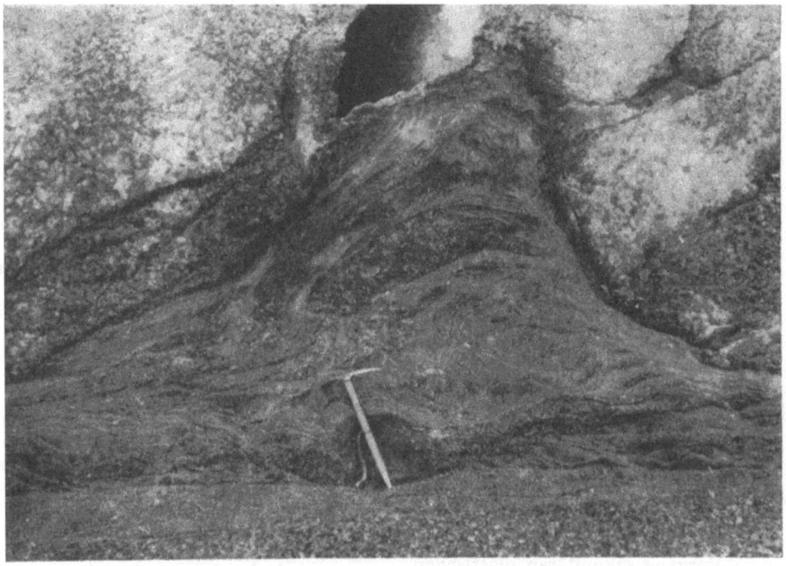

Abb. 8. Rezenter Glaziodiapir im moränenhaltigen Eis (Grönland)

breiigen (schwimmsandähnlichen) Zustand erfolgte. Der erwähnte Kontakt der Diapire und Stöcke sowie deren Zusammenhang mit den Überschiebungszonen machen das Eindringen während der Bewegung wahrscheinlich. Natürlich ist das beobachtete Vorkommen relativ begrenzt und bezieht sich nur auf die Randverhältnisse eines vorwärtsgleitenden Gletschers. Doch wie von RUTKOWSKI (1959) richtig bemerkt wurde, sind die „Intrusionen" der Untergrundgesteine viel weiter verbreitet und durchaus nicht immer an den Rand der Gletscherdecke gebunden.

Die Schollenfazies

Losgerissene erratische Schollen sind ein charakteristisches Merkmal der Grundmoräne. Zu den Ablagerungen der Schollenfazies werden allerdings nur Bereiche bzw. Zonen der Grundmoräne gezählt, die von großen Schollen durchsetzt sind, da diese im Unterschied zu den kleinen einen wesentlichen Einfluß auf die Dynamik der Grundmoräne ausüben.

Das Entstehen großer Schollen, eine weitere Folge der Eisbewegung entlang innerer Gleitbruchlinien, ist mit dem Losreißen einer Gesteinsschuppe aus dem Untergrund des Gletscherbetts verbunden. Die losgerissene Scholle kann vom Gletscher transportiert werden, solange die horizontalen Druckgradienten dazu ausreichen. Werden diese kleiner, übernimmt die Scholle mehr und mehr die Rolle des Gletscherbetts für die sich weiterbewegenden darüberliegenden Eisschichten. Da jede Scholle gewissermaßen ein Widerlager darstellt und die Ungleichmäßigkeit der Druckverteilung in der umgebenden moränenhaltigen Eisschicht verstärkt, können während der Vorwärtsbewegung die verschiedenartigsten glaziodynamischen plastischen Fließ- und Drucktexturen entstehen (LAWRUSCHIN 1969, 1970). Sofern die Scholle aus lockeren Gesteinen besteht, können in ihr Faltungs- und Bruchstörungen auftreten. Dieser Prozeß ist natürlich nicht beendet, wenn die Scholle an der Sohle des sich bewegenden Eises zum Stillstand kommt; deshalb werden in den schollennahen Bereichen der Grundmoräne sowohl glaziodynamische Texturen plastischen Fließens als auch der Eisbewegung entlang innerer Gleitbruchlinien vorkommen. Daraus resultiert, daß die Schollenfazies zwar eine selbständige Gruppe von Sedimenten repräsentiert, jedoch in dynamischer Hinsicht eine Zwischenstellung zwischen den beiden vorher behandelten Fazies einnimmt.

Die Fazies der umgebildeten Grundmoräne

Die Fazies der umgebildeten Grundmoräne umfaßt Ablagerungen, die in den oberen noch recht stark von Eis durchsetzten Schichten des moränenhaltigen Eises eingeschlossen waren. Sie kommen bei einem oberflächigen Abtauen des Gletschers zum Vorschein, insbesondere bei der Degradierung der Eisdecke. Meistens zeichnen sich derartige Ablagerungen durch einen guten Durchwaschungsgrad — durch die Einwirkung von Schmelzwässern — aus. Andererseits treten sie auch als schlechtsortierte grobe Bildungen der Schlammschuttströme auf. Deshalb erscheint es angebracht, innerhalb dieser Ablagerungen eine Subfazies der perluvialen Bildungen und eine Subfazies der Schlammschuttströme zu unterscheiden. Es besteht allerdings keine Möglichkeit, im Rahmen des vorliegenden Beitrags die Ablagerungen dieser Fazies eingehender zu beschreiben.

Abb. 9. Glaziodiapir in der Grundmoräne (Oberlauf der Wolga)

Zusammenfassung

Der Bau der Grundmoräne spiegelt die inneren Gesetzmäßigkeiten der Dynamik der Gletscherbewegungen wider. Aus dem Dargelegten geht klar hervor, daß die Grundmoräne als genetischer Typ kontinentaler Ablagerungen eine verhältnismäßig komplizierte Bildung darstellt, die durch eine nur ihr eigene Kombination verschiedener Fazies gekenn-

Zeitschrift für angewandte Geologie, Bd. 17 (1971), Heft 8

zeichnet ist. Das Auftreten der Hauptfazies der Grundmoräne wird durch die Dynamik der Gletscherbewegung bestimmt, wobei das Relief und die Gesteine des Gletscherbetts einen wesentlichen Einfluß ausüben. Die beschriebenen Gesetzmäßigkeiten des faziellen Baues haben ohne Zweifel allgemeine Bedeutung und werden in mehr oder weniger ausgeprägter Form in Grundmoränen beliebigen Alters auftreten. In allgemeinster Form bestehen zwischen den beschriebenen Fazies folgende Beziehungen: Der größte Teil des Akkumulationsgebiets der Grundmoräne wird von Ablagerungen der Fazies der plastischen Fließbewegungen eingenommen, deren einzelne Subfazies die unterschiedliche Dynamik dieser Bewegungsart des Eises zum Ausdruck bringen. Die Ablagerungen der Schollenfazies lagern linsenförmig innerhalb der Fazies plastischer Fließbewegungen. In Bereichen, in denen der Untergrund des Gletscherbetts aufragte, wo eine intensive Anreicherung der untersten Schichten des Eises mit Moränenschutt stattfand oder wo plötzliche Geschwindigkeitsänderungen bei der Eisbewegung auftraten, kann sich die Fazies der schuppigen Grundmoräne ablagern, wobei sich diese Bildungen im Streichen mit den Ablagerungen der Fazies plastischer Fließbewegungen gegenseitig ablösen. Die Fazies der umgebildeten Grundmoräne kann schließlich die Ablagerungen aller übrigen Fazies unmittelbar überdecken.

Резюме

Строение донной морены отражает внутренние закономерности динамики движения ледника. Из изложенного ясно вытекает, что донная морена, как генетический тип континентальных отложений, представляет собой относительно сложное образование, которое характеризуется свойственной только ей комбинацией различных фаций. Наличие основной фации донной морены определяется динамикой движения ледника, причем рельеф и горные породы ледникового ложа вызывают значительное влияние. Описанные закономерности фациального строения имеют, без сомнения, всеобщее значение и будут встречаться в более или менее ясно выраженной форме в донных моренах любого возраста. Между описанными фациями существуют в наиболее общей форме следующие взаимосвязи. Бóльшая часть области аккумуляции донной морены занимается отложениями фации пластического течения, отдельные фации которой выражают различную динамику этого вида движения льда. Отложения глыбовой фации залегают линзообразно внутри фации пластического течения. В участках, где имелись выступы основания ледникового ложа, где происходило интенсивное обогащение моренным щебнем самых нижних слоёв льда, или где возникали внезапные изменения скорости при движении льда, может отлагаться фация чешуйчатой донной морены, причем по простиранию эти образования взаимно сменяются отложениями фации пластического течения. Наконец, фация преобразованной донной морены может перекрывать непосредственно отложения всех остальных фаций.

Summary

The structure of the ground moraine reflects the internal dynamic regularities of the motion of glaciers. The description clearly shows that the ground moraine as a genetic type of continental depositions represents a relatively intricate formation characterized by a combination of various facies only peculiar to it. The occurrence of the main facies of the ground moraine is determined by the dynamics of the motion of the glacier, with an essential influence exerted by the relief and rocks of the glacier bed. There is no doubt that the regularities described for the structure of the facies are of universal importance, and that they occur more or less pronouncedly in ground moraines of any age. In its most general form relations existing between the facies described are as follows: most of the area of accumulation of the ground moraine is occupied by depositions of the facies of plastic flow whose individual subfacies express the different dynamics of this type of motion of the ice. The depositions of the block facies lie like lenses within the facies of plastic flow. In areas where the base of the glacier bed stood upright, where the lowermost beds of the ice were enriched with moraine debris, or where the velocity of the motion of the ice was suddenly changed, the facies of the imbricate ground moraine can be deposited, with these formations alternating in the strike with depositions of the facies of plastic flow. Finally, the facies of the reshaped ground moraine can immediately cover the depositions of all other facies.

Literatur

Easterbrook, J.: Void ration and bulk densitics as means of identifying Pleistocene tills. – Bull. Geol. Soc. Amer., v. 75, N 8 (1964).

Fristrup, B.: Neueste Untersuchungen der Grönländischen Eisdecke. In: Fragen der Dynamik und der rezenten Evolution der Gletscher. – Verl. Progress, Moskau 1964.

Groswald, M. G., & A. N. Krenke: Fragen der Glaziologie von Franz-Josef-Land. Glaziologische Untersuchungen No. 6. – Verl. Akad. Wiss. UdSSR (1961).

Jewtejew, S. A.: Die geologische Wirksamkeit der Gletscherdecke in der östlichen Antarktis. Ergebnisse der Untersuchungen zum Programm MGG, Nr. 2 (1964).

Lawruschin, J. A.: Die quartären Ablagerungen Spitzbergens. – Verl. Nauka (1969).

– Die Widerspieglung der Dynamik der Gletscherbewegung im Bau der Grundmoräne. – Litologija i polesnyje iskopajemyjo, Nr. 1 (1970.)

Philipp, H.: Geologische Untersuchungen über den Mechanismus der Gletscherbewegung und die Entstehung der Gletschertextur. – Neues Jb. Geol. Paläont., Beil.-Bd. XLIII (1920).

Richter, K.: Studien über fossile Gletscherstruktur. – Z. Gletscherkunde, 17, 1–3 (1929).

Rózyckie, S. Z.: Plejstocen Polski srodkowej. – Warschau 1961 [1961 a].

– Middle Poland. Guide-Book of Excursion. From the Baltic to the Tatras. – Part. II, Vol. I, INQUA VIth Congress, Warschau 1961 [1961 b].

Rutkowski, E.: Uwagi o mechanizmie powstawania niektorych struktur. – Przegląd geologiczny, 1 (1959).

Schanzer, E. W.: Grundriß der Lehre über die genetischen Typen kontinentaler sedimentärer Bildungen. – Trudy geol. inst-ta AN SSSR, wyp. 161 (1966).

Schumskij, P. A.: Grundlagen der strukturellen Eiskunde. – Verl. Akad. Wiss. UdSSR, Moskau 1955.

– Zur Theorie der Bewegung und Oszillation der Gletscher. – Materialien glaziologischer Untersuchungen, Nr. 6 (1962).

Seifert, G.: Das mikroskopische Korngefüge des Geschiebemergels als Abbild der Eisbewegung, zugleich Geschichte des Eisabbaues in Fehmarn. – Meyniana, Bd. 2 (1954).

Zytowitsch, P. A.: Zur Theorie des Gleichgewichtszustandes in gefrorenen Gesteinen. – Isw. AN SSSR, ser. geograf. i geofis., 9, Nr. 5–6 (1945).

Zu einigen Fragen des Karstproblems

Fritz Reuter & Werner Kockert, Freiberg (Sa.)

1. Einführung

Wenn man die Karstliteratur verfolgt, stellt man fest, daß immer wieder die Bereinigung der Terminologie und die Schaffung klardefinierter Begriffe gefordert werden. Jeder Wissenschaftler weiß, wie wichtig die Terminologie für eine Verständigung ist. Daß gerade in diesem Fachgebiet eine solche als Hauptaufgabe angesehen wird, ist sicher der Ausdruck dafür, daß in der Speläologie[1]) viele Laienforscher tätig sind, die besonders auf regionaler Ebene eine ernst zu nehmende wissenschaftliche Arbeit leisten. Ein anderer Grund für die uneinheitliche Terminologie ist in dem Umstand zu suchen, daß der Verkarstung unterschiedliche Materialien (Kalkstein, Dolomit, Anhydrit, Gips, Alkali- und Erdalkali-

Eingang des Manuskripts in der Redaktion: 25. 2. 1971.

[1]) Unter Speläologie wird hier sowohl Höhlen- als auch Karstforschung verstanden.

chloride) unterliegen. Auch beeinflussen Klima (arid, humid) und andere Faktoren Form und Intensität der Verkarstung, was zu regional unterschiedlichen Auffassungen über verschiedene Karstphänomene geführt hat. Auf die verschiedenen geologischen und hydrologischen Verhältnisse soll hier bezüglich ihres modifizierenden Einflusses nur pauschal verwiesen werden. Die grundlegenden Forschungen und Beobachtungen sind zwar im wesentlichen im klassischen Karbonatkarst Jugoslawiens durchgeführt worden, die regionalen Besonderheiten haben aber, vor allem in letzter Zeit, als die angewandten Geowissenschaften (Baugrundgeologie, Lagerstättenkunde, Hydrogeologie) an Bedeutung gewannen, zu mancher Modifizierung von Terminologie und Klassifikation geführt. Im Prinzip ist auch auf dem Gebiet der Höhlen- und Karstforschung die Priorität bei Begriffsbestimmung und Klassifikation zu vertreten. Doch sollte man berücksichtigen, daß Klassifikationen nicht um ihrer selbst willen aufgestellt werden, sondern daß sie Bestandteil eines natürlichen Systems sein müssen. Ferner können Klassifikationen unter verschiedenen Gesichtspunkten aufgestellt werden (dies ist besonders wichtig, wenn sie in unterschiedlichen Wissensbereichen zur Anwendung gelangen sollen) und, last not least, müssen im Zeitalter der wissenschaftlich-technischen Revolution hinsichtlich einer quantifizierenden Beschreibung bestimmte Ansprüche gestellt werden. Auch muß man berücksichtigen, daß der anthropogene Einfluß durch die ständig wachsende Inanspruchnahme des obersten Teiles der Erdkruste immer mehr an Bedeutung gewinnt. Es geht also nicht mehr nur um eine gewisse Ordnung von Naturobjekten, sondern um deren Nutzung bzw. um ihre optimale Umgestaltung zugunsten der menschlichen Gesellschaft. Besonders wichtig werden diese Forderungen, nachdem auch die früher als Auslaugung von der Verkarstung i. e. S. getrennt behandelten Vorgänge im Gips und Salz allgemein als Karst anerkannt werden.

Täglich ist mit ihnen als geodynamischen Prozessen in den verschiedenen Bereichen des Bauwesens, des Bergbaus und der Landwirtschaft zu rechnen. Für eine optimale Nutzung der durch Karstprozesse gefährdeten Gebiete in den dichtbesiedelten Industriebezirken der DDR kommt man mit einer Beschreibung und Registrierung der Karstobjekte nicht mehr aus. Der Projektant im Bauwesen und der Baugrundfachmann verlangen exakte, auf quantifizierbaren Fakten beruhende Angaben über die an und unter der Oberfläche auftretenden Karstobjekte sowie über ihre weitere Entwicklung. In diesem Zusammenhang ist festzustellen, daß manche alte Auffassung revisions- oder ergänzungsbedürftig ist und mancher Faktor zusätzlich in die Betrachtung einbezogen werden muß. In letzter Zeit sind im deutschsprachigen Raum verschiedene mehr oder weniger umfangreiche Abhandlungen zu einer Klassifikation der Karstobjekte erschienen (TRIMMEL 1953, 1961; PFEIFFER 1961; F. u. R. REUTER, Fachwörterbuch für Karst- und Höhlenkunde 1965). Davon ist die letztgenannte Arbeit am umfassendsten. Obwohl sich ein umfangreiches Autorenkollektiv bemüht hat, die wichtigsten bisher verwendeten Termini zu erfassen und zu definieren, sind in dieser Arbeit doch die Bevorzugung des Karbonatkarstes bzw. die lückenhafte Behandlung des Sulfat- und Salzkarstes zu erkennen.

2. Diskussion verschiedener Termini

Verkarstung

Mit der Integrierung der Lösungsvorgänge an Anhydrit, Gips und Salz in den Verkarstungsprozeß muß die Begriffsbestimmung für derartige Vorgänge erweitert werden. Unter Verkarstung versteht man z. Z. allgemein den „kontinuierlich oder phasenhaft vor sich gehenden Vorgang der Umwandlung oberirdischen Abflusses eines Gebietes mit verkarstungsfähigen Gesteinen in eine teilweise oder vollständige unterirdische Entwässerung unter gleichzeitiger Umwandlung der Oberfläche in ein Karstrelief“ (Fachwörterbuch für Karst- und Höhlenkunde 1965). Diese Definition berücksichtigt nur einseitig karstmorphologische und -hydrologische Veränderungen im klassischen Karbonatkarst. Die Verhältnisse des bedeckten Sulfat- und vor allem des Salzkarstes sowie die Aspekte anderer angewandter Wissenszweige werden nicht mit in die Betrachtung einbezogen. Auch fehlen Hinweise auf die sich im Laufe des Prozesses vollziehenden physikochemischen Vorgänge. Aber gerade die Korrosion, d. h. die Auflösung der Gesteine durch Wasser, ist der charakteristische Faktor der Verkarstung.

Folgende Definition scheint deshalb zweckmäßiger zu sein:

Verkarstung ist der natürliche Auflösungs- oder Zersetzungsprozeß von Gesteinen durch Wasser, unterstützt durch mechanische Vorgänge wie Korrasion und Versturz; das kann zur morphologischen Umgestaltung des Reliefs oder im Untergrund führen und eine entsprechende Änderung des hydrologischen Regimes zur Folge haben.

Der Verkarstungsprozeß braucht nicht im wesentlichen kontinuierlich zu verlaufen. Es sei darauf hingewiesen, daß z. B. Salzspiegel lange Zeit trocken liegen können. Auch die Verkarstung und Sinterbildung in der Baradlahöhle erfolgte mit zeitlichen Unterbrechungen.

Mischungskorrosion

„Ein für die Verkarstung im Kalkstein sehr wichtiges Phänomen ohne Entsprechung bei anderen Gesteinen“ soll die Mischungskorrosion sein (PRIESNITZ 1969, S. 432). Dies trifft nicht zu; denn auch bei der Verkarstung von Sulfatgesteinen ist die Mischungskorrosion möglich.

Beim Zusammentreffen zweier Lösungen mit unterschiedlichem NaCl-Gehalt, aber jeweils an Gips bzw. Anhydrit gesättigt, entsteht eine Lösung mit mittlerem NaCl-Gehalt, die auf Grund entsprechender Löslichkeitskurven noch weiteren Gips bzw. Anhydrit auflösen kann.

Betrachten wir das anhand eines einfachen Beispiels: Es treffen zwei Lösungen folgender Zusammensetzung (vgl. Abb., Kurve 2) im gleichen Mengenverhältnis aufeinander:

1. Lösung — 0 Mol Na_2Cl_2/1000 Mol H_2O und
   0,36 Mol $CaSO_4$/1000 Mol H_2O
2. Lösung — 30 Mol Na_2Cl_2/1000 Mol H_2O und
   1,03 Mol $CaSO_4$/1000 Mol H_2O

Die entstehende Lösung enthält demnach
15 Mol Na_2Cl_2/1000 Mol H_2O und
0,70 Mol $CaSO_4$/1000 Mol H_2O

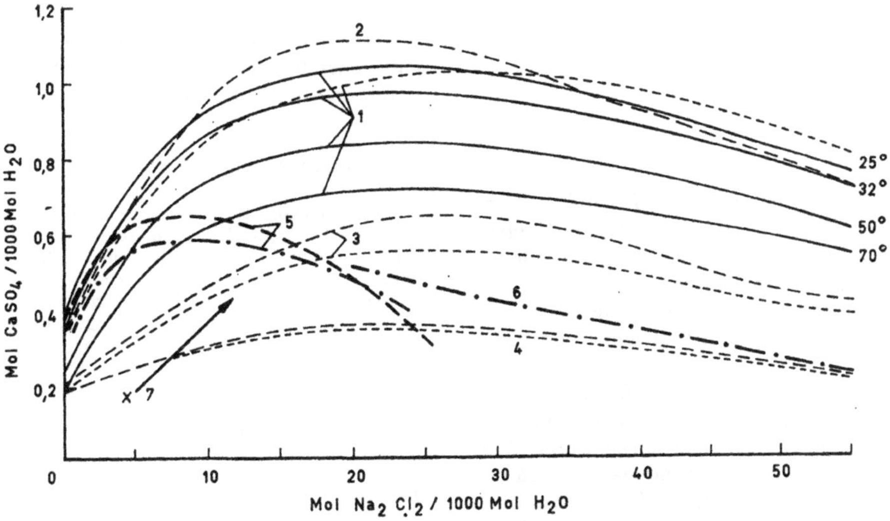

Abb. Löslichkeit von Anhydrit und Gips bei unterschiedlichem NaCl-Gehalt (nach Braitsch)

Bodenkörper: Anhydrit = ausgezogen und lang gestrichelt; Gips = punktiert (dick und dünn)

1 – nach D'Ans und Mitarbeiter; 2 bis 4 – nach Aadgin und Swales bei 25 °C; 3 – System $CaSO_4$–NaCl–Na_2SO_4–H_2O mit 1,4 Mol Na_2SO_4/1000 Mol H_2O; 4 – ebenso mit 3,45 bzw. 3,36 Mol Na_2SO_4/1000 Mol H_2O; 5 – in Meerwasser nach Posnjak bei 30 °C; 6 – in Meerwasser, extrapoliert aus 3 + 4; 7 – Meerwasser und seine Konzentrationsänderung

Sie ist also an $CaSO_4$ untersättigt, da bei einem Na_2Cl_2-Gehalt von 15 Mol/1000 Mol H_2O die Sättigung an $CaSO_4$ erst bei etwa 1,04 Mol/1000 Mol H_2O bei einer Temperatur von 32 °C erreicht ist.

Welche Bedeutung die Mischungskorrosion bei der Verkarstung von Gips und Anhydrit in der Praxis besitzt, kann z. Z. noch nicht eingeschätzt werden. Darüber liegen noch keine quantitativen Ergebnisse vor. Daß sie aber zum wirksamen Faktor werden kann, wenn die verkarstenden Sulfatgesteine in Verbindung mit Salzlagern auftreten, ist leicht einzusehen. Entsprechende Vorgänge waren u. U. bei der Bildung von Höhlen (z. B. Wimmelburger Schlotten) im Tiefenkarst der Mansfelder Mulde wirksam.

Karsterscheinungen

In der Literatur werden unter dem Begriff Karsterscheinungen „den Karstgesteinen eigentümliche Formen, die sich nur in der Karstlandschaft entwickeln" verstanden. Eine „Erscheinung" ist aber nicht materialistisch. Aus diesem Grunde sollte man — vgl. auch Mucke & Kockert (1968) — besser Karstform oder Karstobjekt hierfür sagen.

Karstwasser

Als Karstwasser wird das unterirdische Wasser in Karstgebieten bezeichnet (Fachwörterbuch für Karst- und Höhlenkunde 1965), wobei aber ausschließlich seine dynamischen Besonderheiten betrachtet werden. Hier wird deutlich, daß die Karsthydrographie bzw. -hydrologie auf den Untersuchungen im klassischen Dinarischen Karst basiert. Dieser zeichnet sich durch eine ungewöhnliche Tiefe, Reinheit und flächenmäßige Verbreitung des Kalksteins aus. Nur bei entsprechenden Verhältnissen kann der gesamte Formenschatz auftreten. Andere Verhältnisse finden wir in Gebieten des Salzkarstes der gemäßigten Klimazonen vor. Die verkarstenden Salzgesteine liegen oft unter einer Bedeckung von Sedimenten mit einer Mächtigkeit von hundert und mehr Metern. Auf Grund der spezifischen Verkarstungsart an der Oberfläche von Salzgesteinen (Auflösen der Salze und ständiges Nachbrechen des Hangenden) tritt die „klassische" Karstwasserdynamik gewöhnlich nicht auf. Das ist der Hauptgrund dafür, daß der auf den Besonderheiten der Strömungsverhältnisse basierende Inhalt des Begriffs Karstwasser modifiziert werden muß.

Die die Verkarstung der Salzgesteine hervorrufenden Wässer und Salzlösungen zirkulieren in den Nebengesteinen, d. h. in Sulfaten, Karbonaten und Sandsteinen im Hangenden, Liegenden oder seitlich der Salzgesteine. Die Sulfate und Karbonate sind in diesen Teufen oft nur wenig verkarstet, und die „Karstwässer" des Salzkarstes zirkulieren wie normale andere unterirdische Wässer und Salzlösungen auf Poren und Klüften. Sie zeichnen sich nur durch die anomale chemische Zusammensetzung aus, die je nach dem Chemismus der verkarsteten Salzgesteine schwanken kann. Für praktische Zwecke hat der Mineralgehalt des Karstwassers, sowohl hinsichtlich der Eignung des Wassers als Trinkwasser als auch hinsichtlich seiner aggressiven Eigenschaften gegenüber Metallen und Beton, eine große Bedeutung.

Deshalb sollte die Begriffsbestimmung des Karstwassers nicht nur auf die spezifische Dynamik beschränkt werden, sondern sie müßte auch den hydrochemischen Besonderheiten Rechnung tragen. Da der Verkarstung die leichtlöslichen Gesteine unterliegen und sich im Wasser jeweils die am leichtesten löslichen Komponenten anreichern, stellt das Karstwasser auf Grund seiner Konzentration und Zusammensetzung eine hydrochemische Anomalie im Verhältnis zum übrigen unterirdischen Wasser mit gleichen Temperatur- und Druckbedingungen dar. Die absolute Konzentration sowie die chemische Zusammensetzung der Karstwässer hängen neben den herrschenden pT-Bedingungen wesentlich von den verkarstenden Gesteinen ab. Entsprechend der steigenden Löslichkeit von Karbonat- über Sulfat- zu Chloridgesteinen steigt auch die absolute Konzentration der gelösten Stoffe im Karstwasser.

Doline und Erdfall

Nach dem Fachwörterbuch für Karst- und Höhlenkunde (1965) sind „Dolinen" Karsttrichter, d. h. oberirdische Karsthohlformen, die „infolge Auslaugung verkarstungsfähiger Gesteine durch versickernde Niederschlags- und Schneeschmelzwässer von oben her, vorwiegend an Klüften oder Kluftkreuzungen" gebildet werden.

Ein „Erdfall" ist „eine an der Oberfläche plötzlich durch Einsturz entstehende trichter- bis schachtartige Vertiefung, die durch Einsturz der meist durch Auslaugung von Salz oder Gips entstandenen Hohlräume im Untergrund zustande kommt. Erdfälle treten auch in nichtverkarstungsfähigen Gesteinen oder lockeren Sedimenten auf, die verkarstungsfähige Gesteine bedekken" (1965).

Doline und Erdfall sind also formenkonvergent, aber unterschiedlich in ihrer Genese. Wir stimmen mit PRIESNITZ überein, daß unabhängig vom Gestein alle Lösungsformen als Karstformen bezeichnet werden. Der in der deutschen Sprache gebräuchliche Begriff „Auslaugung" kann demgemäß nur synonym zu Sulfat-(Gips-) bzw. Chlorid-(Salz-)karst verwendet werden.

Bei den Karstformen „Doline" und „Erdfall" handelt es sich nicht um gleiche Gebilde auf verschiedenen verkarstenden Gesteinen, nicht einmal dann, wenn unter bestimmten Klimaten gleiche Formen auftreten. Das Problem besteht in der Art der Betrachtungsweise, und zwar ob dies phänomenologisch oder genetisch geschieht. PRIESNITZ wählt als Beweis für seine Argumentation, wonach sich Erdfall und Doline hinsichtlich der Genese nicht grundsätzlich unterscheiden, eine Arbeit von STEINBRECHER (1959), deren Ergebnisse eigentlich z. Z. ihres Erscheinens schon widerlegt waren. Doline und Erdfall sind unterschiedlich in ihrer genetischen Entstehung. Während die eine Form säkulär, durch Lösung von oben oder durch unterirdischen Schwund entsteht (im zweiten Fall auch in Form einer Senkungsmulde), bildet sich der Erdfall spontan durch Einbruch eines unterirdischen Hohlraums, der allerdings im wesentlichen durch natürliche Lösungsvorgänge entstanden sein muß. Nach den Ergebnissen kürzlich abgeschlossener Untersuchungen (REUTER, MOLEK & MEIER 1971) entstehen Erdfälle im bedeckten Salzkarst unter besonderen Bedingungen auch in der Doline (Senkungsmulde). Sie stellen in diesem Falle im bedeckten Salzkarst nur eine Form im Bereich der Zerrungszone dar und sind mit Zerrungsspalten und grabenartigen Einbrüchen genetisch zu vergleichen, aber in keinem Fall mit der Doline selbst. Beim Erdfall handelt es sich um ein katastrophales Ereignis, dem in Klassifikationen wegen der praktischen Bedeutung dieser Form für verschiedene Bereiche der Praxis Rechnung getragen werden muß. Deshalb sollten alte, überholte Auffassungen, die noch auf CVIJIĆ (1893) zurückgehen und später, u. a. von CRAMER (1941), neuerdings auch von PRIESNITZ (1969) restauriert wurden, fallengelassen und die genannten Formen im Sinne von PATZELT (1964) und REUTER klassifiziert werden. Man trägt damit nicht nur dem vermehrten Wissensstand, sondern auch den Belangen verschiedener technischer Wissenschaften (z. B. dem Bauwesen und der Landwirtschaft) Rechnung.

Zusammenfassung

Entsprechend dem neuesten Stand der Karstforschung werden einige neue Erkenntnisse, wie die Mischungskorrosion bei Sulfat- und Chloridkarst sowie das Problem Erdfall—Doline, zur Diskussion gestellt. Weiterhin wird über die Zweckmäßigkeit verschiedener Karstbegriffe und deren Definitionen (Verkarstung, Karsterscheinungen, Karstwasser, Erdfall, Doline) diskutiert. Klassifikationen, insbesondere auch des Karstes, können auf unterschiedlicher Grundlage beruhen, je nachdem, ob man die Sache phänomenologisch oder genetisch betrachtet; sie sind aber auf keinen Fall Selbstzweck, sondern müssen immer für praktische Zwecke anwendbar sein.

Резюме

Соответственно новейшему состоянию исследования карстов ставятся на обсуждение некоторые новые результаты, как смешанная коррозия в связи с сульфатным и хлоридным карстами, а также проблема провала — дóлины. Далее обсуждается целесообразность различных карстовых понятий и их определений (закарстование, карстовые явления, карстовая вода, провал, дóлина). Классификации, и в особенности карста, могут различно основываться, смотря по тому, рассматривается ли это феноменологически или генетически; но они ни в коем случае не являются самоцелью, а должны быть всегда применимы для практических целей.

Summary

In accordance with the latest state of karst research some new knowledge is submitted for discussion, such as mixing corrosion in sulphate and chloride karst and the collapse sink-doline problem, furthermore the suitability of various karst concepts and their definitions (karstification, karst phenomena, karst water, collapse sink, and doline). Classifications, in particular also of the karst, may differently be based, according as a phenomenological or genetic consideration is made. They are, however, by no means an end in itself and must always be applicable to practical purposes.

Literatur

BRAITSCH, O.: Entstehung und Stoffbestand der Salzlagerstätten. — Mineralogie und Petrographie in Einzeldarstellungen, Bd. 3, Springer-Verlag, Berlin—Göttingen—Heidelberg 1962.

CRAMER, H.: Die Systematik der Karstdolinen unter Berücksichtigung der Erdfälle, Erzschlotten und verwandter Erscheinungen. — Neues Jb. etc., Beil.-Bd. 85, Abt. B, 293—382, Berlin 1941.

CVIJIČ, J.: Das Karstphänomen. Versuch einer morphologischen Monographie. — Geograph. Abh., 5, 3, Wien 1893.

MUCKE, D., & W. KOCKERT: Höhlenklassifikation. — Vortr. Tag. zentr. Arbeitskreises Höhlen- und Karstforschung DDR, Königsee 1968.

PATZELT, G.: Zu Fragen der Karstmorphologie und Hydrogeologie. — Z. angew. Geol., **10**, 2, 85—87, Berlin 1964.

PFEIFFER, D.: Zur Definition von Begriffen der Karst-Hydrologie, — Z. dt. geol. Ges., 113, 51—60 (1961).

PRIESNITZ, K.: Über die Vergleichbarkeit von Lösungsformen auf Chlorid-, Sulfat- und Karbonatgestein — Überlegungen zu Fragen der Nomenklatur und Methodik der Karstmorphologie. — Geol. Rdsch., 58, 2, 427—438 (1969).

REUTER, F. & R.: Ingenieurgeologische Beurteilung und Klassifikation von Auslaugungserscheinungen. — Freiberger Forsch.-H., C 127, 5—47, Akademie-Verl., Berlin, 1962.

REUTER, F., H. MOLEK & G. MEIER: Beziehungen zwischen Gebirgsfestigkeit und Karsterscheinungen im Salzkarst der DDR. — Neue Bergbautechnik, 1, 1, 14—20 (1971).

STEINBRECHER, B.: Die Subrosion des Zechsteingebirges im östlichen und nordöstlichen Harzvorland unter besonderer Berücksichtigung der Edderitzer Mulde. — Geol., 8, 5, 489—522, Berlin 1959.

TRIMMEL, H.: Zur Frage der einheitlichen Begriffsbestimmung höhlenkundlicher Fachausdrücke. — Die Höhle, 4, 59—60 (1953).

— Begriffsbestimmungen der speläologischen Fachausdrücke im Deutschen. — Vortragszusammenfassung, vgl. Akten III. Int. Kongr. Speläologie, Bd. A, Wien 1961.

Fachwörterbuch für Karst- und Höhlenkunde. — Jh. Karst- und Höhlenkunde, H. 5, Wien 1965.

Bedeutung und Auswertung quartärgeologischer Kartierung in Thüringen für die praktische Bodennutzung

DIETRICH RAU, Jena

Von den Nutzern geologischer Karten haben seit eh und je die in der praktischen Bodennutzung tätigen Zweige, die Landwirtschaft und die Forstwirtschaft, mit im Vordergrund gestanden. Was aber die Möglichkeit der Auswertung älterer geologischer Spezialkarten 1:25000 für diese Wissenschaftszweige immer stark beeinträchtigt hat, ist die Tatsache, daß in den Mittelgebirgsgebieten die Kartierung des Quartärs vernachlässigt wurde und demgemäß die Darstellung seiner Ablagerungen entweder unterblieben ist oder unvollkommen, ungenau und zu wenig untergliedert erfolgt ist.

Landwirtschaft und Forstwirtschaft haben schon vor 30–40 Jahren bei Fragen, die die Verbreitung und Ausbildung der Böden betreffen, auf die geologischen Spezialkarten zurückgegriffen. Im norddeutschen Raum hat sich dabei die geologische Kartierung den Forderungen und Wünschen der Land- und Forstwirtschaft so weit angeglichen, daß die sogenannten geologisch-agronomischen Karten entwickelt wurden. Eine solche Entwicklung ist aber in den Mittelgebirgslandschaften nicht erfolgt, so daß, was die Auswertung der geologischen Spezialkarten für bodenkundliche Zwecke anbetrifft, diese von vornherein sehr erschwert war. So hat z. B. die damalige Reichsbodenschätzung das Ausgangsgestein der Bodenbildung — allerdings in sehr stark verallgemeinernder Zusammenfassung — in ihr System der Bodenbewertung einbezogen. Beispielsweise werden hier Unterscheidungen getroffen, die unter D (Diluvium) u. a. alle Formen von Schotterablagerungen einschließen. Die Bodenschätzer waren angehalten, sich bei der Einstufung der sogenannten geologischen Entstehung nach den vorhandenen geologischen Spezialkarten zu richten. Das hat in Thüringen dazu geführt, daß von der Bodenschätzung zwar in ihrer Dokumentation der Profilbeschreibungen das Vorhandensein von pleistozänen Schotterablagerungen erwähnt wird, daß aber im Klassenzeichen, also dem zusammenfassenden Ausdruck, dem Ergebnis der Schätzung, als Entstehungsart nicht D, sondern V[1]) erscheint, einfach deshalb, weil die entsprechende geologische Spezialkarte, die dem Schätzer zur Verfügung stand, das Pleistozän nicht auswies. In ähnlicher Weise machen sich diesbezügliche Fehler der Bodenschätzung hinsichtlich der Verbreitung des Lößes bemerkbar. Hier, wie im Falle der D-Ausscheidung, wird in den Dokumentationsunterlagen die für Löß charakteristische Bezeichnung „feinsandig" in vielen Fällen bei Profilbeschreibungen, die unter der Entstehungsart V (Verwitterungsböden) zu finden sind, festgestellt. Es wird dies als Beispiel dafür erwähnt, wie durch die unzulängliche Darstellung des Pleistozäns auf den damals vorhandenen geologischen Karten die bodenkundliche Auswertung irreführend vorgenommen wurde.

Als Beispiel ähnlicher Art kann auch auf die forstliche Standortkartierung verwiesen werden. Es ist bekannt, daß diese nach dem Krieg die gesamten Staatsforsten der Republik aufgenommen hat. Die Kartierer haben sich bei ihrer Arbeit ebenfalls auf die geologischen Spezialkarten gestützt. Die in den ersten Jahren erarbeiteten forstlichen Standortkarten weisen die Eigentümlichkeit auf, daß gesonderte Bodenausscheidungen, z. B. in Verbreitungsbereichen paläozoischer Gesteine, praktisch für jede Schicht dargestellt sind. Da die geologischen Spezialkarten die dort verbreiteten Periglazialschuttablagerungen nicht ausweisen, die, wie wir heute wissen, formationsspezifische Unterschiede der Böden oft weitgehend verwischen, sind Karten entstanden, die in ihrer starken Differenzierung die wirklich herrschenden Verhältnisse nicht immer gänzlich richtig wiedergeben.

Es besteht kein Zweifel darüber, daß als Grundlage für die Kenntnis über Ausbildung und Verbreitung der Böden geologische Karten notwendig sind, man kann sagen, ihre Voraussetzung bilden. Aber gerade im Mittelgebirgsraum sollten die Spezialkarten so beschaffen sein, daß sie über die wirkliche Oberfläche, also auch über die quartären Ablagerungen, vollständig Auskunft geben.

Leider muß festgestellt werden, daß im Hinblick auf diesen Zustand ein wesentlicher Fortschritt seit Beginn der Reichsbodenschätzung in den 30er Jahren in Thüringen nicht erzielt wurde. Die wenigen nach dem Krieg neu kartierten Meßtischblätter entsprechen zwar der erwähnten Forderung. Sie können aber nur als ein Auftakt bezeichnet werden, so daß man sich heute wie damals gerade in den landwirtschaftlich produktivsten Landschaftsteilen Thüringens mit den vorhandenen veralteten Karten abfinden muß.

Berücksichtigt man die geschilderten Verhältnisse, so ist es als besonders positiv zu bewerten, daß seitens des Zentralen Geologischen Instituts (ZGI) ein Forschungsprogramm konzipiert wurde, das die Erarbeitung sogenannter lithofazieller Karten des Quartärs zum Gegenstand hat. Hier ist ein Ansatzpunkt zu sehen, der für die Zukunft eine grundlegende Verbesserung erhoffen läßt.

Die Bedeutung geologischer Karten mit weitgehend vollständiger Darstellung der jungen Decksedimente gewinnt zunehmend an Gewicht. Dabei ist von der Landwirtschaft und den ihr gestellten Schwerpunktaufgaben auszugehen. Das klarformulierte Ziel in der Nahrungsgüterproduktion erfordert umfassend — im Maßstab der gesamten Republik —, die Bodennutzung standortgerecht zu organisieren. Ein großzügiges Programm der meliorativen Verbesserung der Böden in Verbindung mit kooperativer Feldwirtschaft steuert auf eine systemgeregelte Nahrungsgüterproduktion zu. Um die im Zusammenhang mit Melioration, standortgerechter Bodennutzung und kooperativer Feldwirtschaft erforderlichen Maßnahmen und Planungen richtig durchführen zu können, muß eine umfassende Kenntnis über die Ausbildung und agronomische Wertigkeit einerseits, andererseits über die räumliche Verteilung der Bodenformen bestehen. In der Forschungskonzeption der Akademie der Landwirtschaftswissenschaften ist die Aufgabe enthalten, die Struktur der Bodendecke der DDR am Ende der 70er Jahre vollständig erforscht in Karten darzustellen.

Welche Situation besteht im Hinblick auf diese Forderung?

Die Situation ist dadurch gekennzeichnet, daß die Kenntnis der Böden zwar relativ fortgeschritten ist, daß aber Bodenkarten weitgehend fehlen. Ohne Übertreibung muß daher konstatiert werden, daß heute in solch wichtigen Zweigen wie Melioration, Agrarplanung, Industrie- und Siedlungsplanung nur mit unzulänglichen Unterlagen gearbeitet wird.

Besonders augenfällig tritt dieser Mangel im Sektor Melioration in Erscheinung. Welche Fragen sind dort gestellt, wie wird zur Zeit gearbeitet? Vor der Inangriffnahme von Meliorationsobjekten liegt die Etappe ihrer Projektierung. In dieser Phase sind solch wichtige Fragen zu klären wie: Welche Schwerpunktgebiete sind für die Bewässerung vorzusehen? Damit im Zusammenhang muß geklärt sein, welche Böden den günstigsten Effekt bei Einsatz von Zusatzwasser erwarten lassen, welche Möglichkeit für die Bereitstellung von Wasser vorhanden ist usw. Bei der Projektierung von Bauobjekten der Entwässerung muß Klarheit darüber herrschen, welche Böden auf Grund welcher Eigenschaften für eine Entwässerung

Eingang des Manuskripts in der Redaktion: 13. 11. 1970.
(Als Vortrag gehalten auf der Vortrags- und Exkursionstagung der Sektion Quartärgeologie der Deutschen Gesellschaft für Geologische Wissenschaften am 19. 9. 69 in Erfurt.)

[1]) Unter V wurden in der Bodenschätzung alle „Entstehungsarten älter als Tertiär" zusammengefaßt.

vorzusehen, welche Möglichkeiten der Beseitigung gestauten Wassers gegeben sind, ob der Einsatz von Röhrendrainage möglich ist oder meliorative Verbesserungen lediglich durch Gefügemeliorationen zu erzielen sind etc. In den Gruppen Prognose der volkseigenen Meliorationskombinate wird inzwischen, zumeist als Ergebnis der in der Vergangenheit gemachten schlechten Erfahrungen, die Forderung nach geeignetem Kartenmaterial zur Erarbeitung der Projekte erhoben.

Ähnlich liegen die Dinge bei der Territorialplanung im Bezirksmaßstab. Die Projektierung von Industrie- und Siedlungserweiterung hat bisher den Gesichtspunkt „Bodenwert" fast vollständig außer acht gelassen. Erst durch Erlaß der Bodennutzungsverordnung, die einschneidende finanzielle Belastungen bei der Devastierung wertvoller Böden anordnet, wird dieser Gesichtspunkt seiner Bedeutung gemäß berücksichtigt, so daß sich auch auf diesem Sektor nunmehr die Notwendigkeit ergibt, bei der Planung die Bodenverhältnisse zu berücksichtigen.

Seit dem Jahr 1969 sind seitens des Fachgebiets Bodengeologie des Betriebsteils Jena des VEB Geologische Forschung und Erkundung bodengeologische Karten im Maßstab 1: 25000 in Arbeit. Methodik der Herstellung, Darstellungsmodus, aber auch der Herstellungspreis mußten sich bei dieser Aufgabe weitgehend den Forderungen der Auftraggeber anpassen. Als Grundprinzipien gelten rasche, billige und unkomplizierte Erarbeitung und Darstellung. Selbstverständlich kann es sich bei dieser Arbeit nicht darum handeln, eine Kartierung als Ergebnis ausschließlicher Geländearbeit zu liefern. Vielmehr ist, soweit als möglich, auf vorhandene und dem Zweck dienliche Unterlagen zurückzugreifen. Von solchen stehen neben den Karten der Bodenschätzung insbesondere die geologischen Spezialkarten im Vordergrund. Für die Lösung der Aufgabe wäre es höchst wünschenswert, wenn diese in der Art, wie am Anfang dargelegt, beschaffen wären. Da dies aber leider nur für wenige Meßtischblätter der Fall ist, können die bodengeologischen Karten keinen Anspruch auf absolut zutreffende Aussage erheben. Die in den Auswertungsunterlagen enthaltenen Unzulänglichkeiten können durch die vergleichsweise geringe Geländearbeit, die für die Karten aufgewendet wird, nicht vollständig ausgeglichen werden. Wir sind aber dennoch der Überzeugung, daß die gefertigten Karten den Auftraggebern, also vorrangig dem Meliorationsbau, eine wesentliche Verbesserung ihrer Planungsarbeiten ermöglichen.

Mit der Aufnahme der Kartierungsarbeiten des Fachgebiets Quartär im Rahmen des Themas „Lithofazielle Karten" ergibt sich im Bereich der damit erfaßten Gebiete sofort eine Verbesserung der bodengeologischen Karten. Dies hat sich z. B. bei der Erarbeitung von bodengeologischen Meßtischblättern im Raum Sömmerda—Kölleda, einem Schwerpunkt der Melioration im Bezirk Erfurt, erwiesen. Die dort aufgenommenen Gebiete konnten unmittelbar bei der Herstellung bodengeologischer Karten ausgewertet werden.

Im Thüringer Raum liegt als Ergebnis der Forschungsarbeiten der vergangenen Jahre eine Reihe von quartärgeologischen Erkenntnissen vor, die für die bodengeologische Auswertung von Bedeutung sind. Die genaue Kenntnis über die Genese und die Verbreitungstendenz der Holozän-Sedimente im zentralen Thüringer Becken ist als eine von diesen zu nennen. Wir wissen heute, wie sich hier die Talauen prinzipiell aufbauen, und es gelingt vielfach mit Hilfe der Bodenschätzung, die Flächen bodengeologischer Einheiten zutreffend auszugrenzen. Dasselbe trifft für die Verbreitungstendenz von Löß und Lößderivaten in diesem Gebiet zu. Wichtiges Grundlagenmaterial haben hierzu auch die Forschungsergebnisse zur Lößstratigraphie beigetragen. Ebenfalls sind Verbreitung und Ausbildung der Terrassensedimente im inneren Thüringer Becken bekannt, und die bodengeologische Auswertung kann auf den von Quartärgeologen erzielten Ergebnissen unmittelbar aufbauen. Für andere Gebiete fehlen solche Forschungsergebnisse noch weitgehend. Deshalb sollen hier Anregungen gegeben werden, welche speziellen Ergebnisse für die Herstellung von bodengeologischen Karten besonders nützlich sind. So ist die Kenntnis der holozänen Sedimente in den Gebirgslagen noch weitgehend unzulänglich. Über die Verbreitungstendenzen und den Aufbau periglaziärer Schuttmassen liegen zwar Forschungsergebnisse vor, doch wäre es wünschenswert, in dieser Richtung noch weiter fortzufahren. Ein wichtiges Problem im Hinblick auf die Ausbildung der Böden stellen die in den Gebirgs- und Übergangslagen verbreiteten lößartigen Sedimente z. B. im ostthüringischen Buntsandstein und im Thüringischen Schiefergebirge dar. Ein weiterer wichtiger Problemkreis umfaßt die Kaolinisierung im Buntsandstein, die ebenfalls in bezug auf die Böden von großer Bedeutung ist. Zweckmäßigerweise sollte die Klärung solcher Fragen in enger Zusammenarbeit zwischen den Mitarbeitern der Quartär- und Bodengeologie erfolgen.

Für das Forschungsprogramm „Lithofazieskarten Quartär" wären seitens der Bodengeologie folgende Forderungen zu stellen: Die Darstellung einer gesonderten Karte „Bildungen an der Oberfläche insgesamt", und zwar im Maßstab 1:25000, wäre äußerst wichtig. Bei Geländearbeiten sollte die Erfassung bodengeologischer Kriterien, wie z. B. Fixierung von A-Horizontmächtigkeit, Entkalkungstiefe, Staunässemerkmale, Grundwasserstände usw. mit berücksichtigt werden. In der Reihenfolge der regionalen Bearbeitung sollte die Orientierung nach Schwerpunktgebieten der Melioration, die im allgemeinen identisch sind mit den Schwerpunktgebieten der Herstellung bodengeologischer Karten, erfolgen.

Das anzustrebende Ziel ist von bodengeologischer Seite aus nach wie vor die Herstellung moderner, geologischer Spezialkarten im Maßstab 1:25000, insbesondere für die Schwerpunktgebiete der landwirtschaftlichen Produktion in Thüringen. Die Fertigstellung eines solchen Kartenwerks dürfte nach Verwirklichung des Programms „Lithofazieskarten Quartär" für die Trias-Gebiete Thüringens nicht mehr allzu schwierig sein.

Buchbesprechungen

Pawlowa, N. N.

Klüftigkeit und Zerstörung der Gesteine

Moskau: Isdat. Nauka, 1970. 96 S., 3 Tab., 9 Abb., 123 Lit.

N. N. Pawlowa behandelt in ihrer Monographie die Möglichkeiten der Anwendung einiger spezieller Methoden der Gesteinsmechanik für die Klärung des Entstehungsmechanismus von Klüften und damit der Speichereigenschaften und Permeabilität erdölführender Gesteine. Die Hauptanwendungsgebiete dieser Methoden umfassen nach ihrer Meinung die Beurteilung der Fähigkeit der Gesteine zur Kluftbildung, die Untersuchung des Kluftbildungsmechanismus bei verschiedenen Spannungszuständen und die Klärung von Gesetzmäßigkeiten der Veränderung der Speicher- und Filtrationseigenschaften klüftiger Gesteine in der Tiefe.

Das Buch gliedert sich in drei Kapitel. Das erste Kapitel beschäftigt sich mit den theoretischen Vorstellungen über die Entstehung und Ausbildung von Rissen und Spalten in Festkörpern. Die moderne Theorie der Dislokationen geht davon aus, daß die für eine Zerstörung regelmäßiger Kristallgitter notwendigen Zugspannungen nicht durch Spannungskonzentrationen äußerer Kräfte an gefährdeten defekten Stellen des Kristalls entstehen, sondern durch ungleichmäßige plastische Verformungen, die zu einer lokalen Akkumulation der Dislokationen und großen inneren Spannungen führen. Der Bildungsmechanismus von Rissen und Klüften besteht in einer kontinuierlichen Umbildung von sich allmählich ansammelnden, plastisch verschiebenden Dislokationen in räumliche (offene) Dislokationen, die sich vermehren und als Riß bzw. Kluft ausweiten. Das Anwachsen der Defekte (Dislokationen und Haarrisse) vor der plötzlichen Zerstörung hängt in erheblichem Maße ab von der

Geschwindigkeit der Deformationen, der Temperatur, dem Druck und den Eigenschaften des umgebenden Mediums. Die bekannten Methoden der Dislokationstheorie ermöglichen eine quantitative Beurteilung der zur Rißbildung führenden Faktoren, doch muß man dazu über Meßwerte verfügen, die nur sehr umständlich zu gewinnen sind. In der Praxis setzt man deshalb das Vorhandensein von Defekten voraus, wie es in der Theorie der Entwicklung spröder Risse getan wird.

Die wichtigsten Forschungsergebnisse der Theorie spröder Bruchbildungen werden unter Bezugnahme auf spezielle Arbeiten von BARENBLATT (1961), PANASSJUK (1968) u. a. kurz beschrieben. In weiteren Abschnitten werden die phänomenologischen Festigkeitstheorien, die zur Charakterisierung der Grenzspannungszustände und der Restdeformationen dienen, zusammenfassend dargelegt (nach MOHR, HANDIN, EJGELES, BAIDJUK, STAWROGIN). Nach Wertung von PAWLOWA werden die Besonderheiten der Verformung und Zerstörung von Gesteinen am vollkommensten in folgenden Modifikationen der Festigkeitstheorie berücksichtigt: der komplexen Festigkeitstheorie nach BAIDJUK (1968), die die Erreichung des Grenzspannungszustands als Ergebnis sowohl allgemeiner Schub- als auch allgemeiner Zugspannungen definiert, und der Theorie maximaler Tangentialspannungen (STAWROGIN 1968). Beachtung verdient auch die statistische Festigkeitstheorie, nach der die Zerstörung des Gesamtgesteins vom Einfluß der schwächsten Defektstelle abhängt (STAWROGIN 1968).

Das zweite Kapitel enthält in knapper Form Angaben über die Besonderheiten der Bildung und die Klassifikation von Klüften und Bruchstörungen im Gesteinsverband. Die Spannungsverteilung in der Erdrinde wird im allgemeinsten Fall durch drei unterschiedliche normale Hauptspannungen ausgedrückt, die als summarische Wirkung von Gesteinsgewicht und tektonischen Kräften aufgefaßt werden. Für die Erfassung tektonischer Kräfte existieren bisher noch keine befriedigenden Verfahren. Nicht einmal die Größenordnung dieser Kräfte kann gegenwärtig für konkrete Bereiche der Erdrinde angegeben werden. Für die Beurteilung der Spannungsverhältnisse in bestimmten Tiefen sind neben der Kenntnis der geothermischen Tiefenstufe Angaben über den hydrostatischen Druck P_h und den Porenwasserdruck (Schichtdruck) P_s erforderlich. Aus der Differenz von Gebirgsdruck und Schichtdruck ergibt sich die effektiv wirksame Spannung im Gesteinsmassiv. Da diese tatsächlichen Spannungen meistens unbekannt sind, wurden bisher noch keine eindeutigen Lösungen für die Bestimmung von Ursachen und Mechanismus der Kluftbildung gefunden.

PAWLOWA umreißt kurz die genetische Klassifikation der Klüfte nach SMECHOW und stellt sie anderen Klassifikationen, insbesondere der in Tabellenform beigegebenen nach KOPYSTJANSKIJ, gegenüber. Die meisten Autoren betonen die große Bedeutung des lithologischen Faktors bei der Kluftbildung. Es wurde nachgewiesen, daß die Kluftdichte mit der Lithologie der Gesteine korreliert und für einige Gebiete quantitativ erfaßbar ist. Bis in jüngste Zeit bestanden widersprüchliche Ansichten über die Öffnungsweiten der Klüfte in der Tiefe. Spezielle Untersuchungen ergaben, daß diese Öffnungsweiten nicht nur Millimeter, sondern Zentimeter und Dezimeter erreichen können. Gewöhnlich beträgt aber die Öffnungsweite der Mikroklüfte, die für die Filtration der Fluida maßgebend sind, 20—30 Mikron, selten 100 Mikron und mehr (KALATSCHEWA 1965).

Abschließend zählt PAWLOWA die vordringlichsten Aufgaben der weiteren Forschungsarbeiten auf: Feststellung des gesetzmäßigen Zusammenhangs zwischen Kluftöffnungsweite und Lagerungstiefe, Untersuchung des Kluftbildungsmechanismus bei unterschiedlichen Spannungszuständen sowie der Veränderung der Permeabilität klüftiger Gesteine nach der Tiefe zu, Durchführung spezieller Laborexperimente zu diesen Fragen.

Das dritte Kapitel behandelt einleitend die Untersuchungsmethoden von klüftigen Gesteinen. Die weiteren Abschnitte dieses Kapitels befassen sich mit den Grundlagen und den Möglichkeiten der Anwendung felsmechanischer Methoden bei der Erforschung der Klüftigkeit und Permeabilität der Gesteine. Es werden Angaben über den Einfluß des Spannungszustands (der Lagerungstiefe), der Temperatur, der physikalisch-chemischen Eigenschaften und des Drucks der Porenflüssigkeit auf das Deformationsverhalten verschiedener Gesteine gemacht. Die Untersuchung der Gesteine unter den in großen Tiefen herrschenden Verhältnissen ergab eine bemerkenswerte Besonderheit bei der plastischen Deformation (Restdeformation) der meisten Gesteine — eine Volumenvergrößerung, die mit der Entstehung einer deformativen Mikroklüftung zusammenhängt. Die Volumenvergrößerung beruht auf einer Umorientierung der Gesteinsteilchen, Auflockerung der Gesteinsstruktur an den Korngrenzen, Bildung von Mikroklüften im Gestein und manchmal in den Körnern. Diese deformativen Mikroklüfte kommunizieren miteinander und erhöhen die Permeabilität des Gesteins in bestimmten Richtungen. Sie fördern die Entstehung von Zerr- und Scherklüften sowie die selektive Auslaugung. Kenntnisse über das Deformationsverhalten der Gesteine gestatten, die mögliche Permeabilität tektonisch beanspruchter Bildungen besser einzuschätzen. Deshalb wurde vom Institut für Geologie und Abbau von Brennstoffen (IGiRGI) ein Zylinderdruckverfahren für vergleichende Untersuchungen an Festgesteinen ausgearbeitet (SCHREINER u. a. 1968). Die bisher durchgeführten Untersuchungen des IGiRGI bestätigen die günstigen Perspektiven der vergleichenden Verformungsprüfungen für die Beurteilung der Fähigkeit der Gesteinsmassive zur Kluftbildung.

H. KÄBEL

HEATH, R. C., & W. TRAINER

Introduction to Ground-Water Hydrology

New York, London, Sydney, John Wiley & Sons, Inc. 1968. 284 S., 72 Abb., sh 88

Dieses Handbuch soll dazu beitragen, eine Lücke zwischen Geologie und Hydrologie zu schließen. Ein großer Teil der in der Grundwassererkundung arbeitenden Geologen und Techniker, dem keine eigentliche Ausbildung in Hydrologie zuteil geworden ist, hat nun Gelegenheit, sich dieses Buches zu bedienen.

Die Verf. haben sich bemüht, den Stoff möglichst breit anzulegen und den wesentlichen Elementen der Grundwasserhydrologie von der theoretischen Vorbehandlung bis zum praktischen Geländeeinsatz viel Raum zu gewähren. Einerseits sollen Studenten mit einem Handbuch ausgerüstet werden, das sie befähigt, die Grundprobleme von der Literatur her zu verstehen sowie einfache Untersuchungen selber zu planen und durchzuführen. Andererseits bietet dieses Buch auch den in der Praxis arbeitenden Geologen und Technikern sowie Dozenten die Möglichkeit, sich mit der Lösung spezifischer Probleme zu befassen. Ihnen allen steht dieses begrüßenswerte Lehr- und Übungsbuch zur Verfügung.

Die Ausgangsdaten für die meisten Probleme entstammen überwiegend Veröffentlichungen oder unveröffentlichten Untersuchungen. Beigegeben wurde neben mehreren Beispielen von Spezialpapieren für graphische Darstellungen ein genügend freier Raum für Merk- und Antwortsätze der Studierenden. Auch dieses Merkmal kennzeichnet den Übungsbuchcharakter des Werkes. Es besteht aus fünf Teilen und einem Anhang. Teil I erläutert die hydraulischen Eigenschaften der Gesteine, die Hohlraumverhältnisse sowie die Grundwasserleiter- und Speichereigenschaften der Gesteine. Teil II gibt Auskunft über die hydraulischen Eigenschaften der Grundwasserleiter, die Kollektoreigenschaften der Grundwasserleiter, über Fließeigenschaften des Grundwassers und Grenzbedingungen, ferner über die gesamte „Umgebung" des Grundwassers und die sie steuernden Faktoren.

Teil III führt in die Feldbestimmung der Grundwasserleit- und Speicherfähigkeit ein sowie in einige Verfahren und Methoden zur quantitativen Untersuchung des Grundwassers. In Teil IV ist die Wirkung weiterer Faktoren auf das Grundwasser beschrieben, des stofflichen Inhalts und der Temperatur. Beide Größen spielen eine Rolle sowohl für die Bereitstellung von Brauchwasser als auch neuerdings für Studien hinsichtlich der physikalischen Kennwerte der Grundwasserleiter.

Teil V erläutert die Synthese zwischen den verschiedenen Informationen über das Grundwasser und die Interpretation von Karten, z. B. Kartenvorbereitung, Wasservorratsanalysen, Grundwasseroberflächen- und -mächtigkeitskarten. Auch der gegenwärtige Trend zur Bearbeitung von Karten des „Grundwassernutzens" findet Berücksichtigung. Hydrologisch-hydrogeologische Karten dienen einerseits als Mittel für Untersuchungen und Analysen, andererseits als Mittel für Entscheidungsfindungen.

Im Anhang werden Ratschläge für Labor- und Feldprojekte, ausgewählte Hinweise und Quellen zur weiteren Information sowie gebräuchliche Konstanten und Äquivalente mitgeteilt. H. GLANDER

BALDUZZI, F.

Bodenmechanik für den Straßenbau

Malmö: Svenska Cementföreningen 1969. 72 S., 38 Abb., 6 Tab., 44 Lit.

Methoden der Bodenmechanik in ihrer Anwendung beim Straßenbau behandelt der Verf. nur unter dem Aspekt der Bestimmung der maßgebenden Bodeneigenschaften sowie ihrer Verbesserung als Voraussetzung für die Bemessung für eine bestimmte Verkehrslast. Seine Problemstellung: Eine Kostenrechnung (Bau und Unterhaltung) muß von einer konkreten Lebensdauer ausgehen. Diese definiert er als die Anzahl der Achslasten von bekanntem Gewicht, die auf dem Straßenkörper in einer bestimmten Zeit verkehren können, ohne daß dabei mehr als die normalen Unterhaltungsarbeiten notwendig werden.

Da rein theoretische Dimensionierungsmethoden im allgemeinen nicht zum Ziel führen, ist ein empirisches, durch Messung und Verallgemeinerung auf Grund von exakten Kenntnissen der Bodeneigenschaften bestimmtes Vorgehen begründet. Als Beispiel führt der Verf. die Befahrbarkeit eines Naturbodens an, die für den Baustellenverkehr, für die Land- und Forstwirtschaft wie für militärische Zwecke von Bedeutung ist. Am konsequentesten wurde die rein empirische Methode beim AASHO-Test angewandt. Die Ergebnisse umfangreicher Versuchsreihen nach dieser Methodik werden angegeben.

Im zweiten Kapitel behandelt der Verf. die bodenmechanischen Untersuchungsmethoden für Straßenbaumaterialien. Die AASHO-Dimensionierungsmethode geht davon aus, daß im Falle einer flexiblen Straße jede Schicht des Straßenaufbaus einen Beitrag zur Tragfähigkeit der Straße liefert, der proportional zur Schichtstärke und einem im Großversuch ermittelten Äquivalenzfaktor ist. Im Großversuch konnten lediglich wenige spezielle Materialien getestet werden. Die vollständige Ermittlung mit Hilfe der MOHRschen Spannungskreise muß wegen des erheblichen Aufwandes Forschungszwecken vorbehalten bleiben. Einfacher ist die seit langem bekannte CBR-Prüfung, die heute praktisch die einzige Methode für kleinere Laboratorien darstellt. Diese Prüfung ist nur dann sinnvoll, wenn sie die Zustandsänderungen berücksichtigt, die infolge der Umgebungsfaktoren in einem Boden im Laufe des Jahres eintreten. Zusätzlich zu den Festigkeitseigenschaften müssen auch die Stabilität und Instabilität der Böden, d. h. die Veränderung der Festigkeits- und Volumeneigenschaften, untersucht werden.

Wie z. B. ein toniger Sand, der an sich instabil ist, durch Verarbeitung in einem stabilen Zustand eingebracht werden kann, zeigt der Verf. in dem Kapitel „Stabilisierung der Böden". Durch Stabilisierungsmethoden wird der Änderungsbereich der Festigkeit und des Volumens der Materialien eingeschränkt, so daß sie bei ihrer Festigkeit einer Dimensionierung überhaupt zugänglich werden.

Die Bodenstabilisierung mit Kalk sowie mit Zement wird einschließlich ihrer Anwendung erläutert. Aufbauend auf diesen grundlegenden Kenntnissen behandelt das 4. Kapitel die praktische Ausführung der Dimensionierung. Ein Anhang erläutert die Dimensionierung nach den Vorschlägen des AASHO-Komitees. G. SCHWOKOWSKI

Autorenkollektiv

Deep Sea Drilling Project: Leg 11

„Geotimes", **15**, H. 7, 14—16. Sept. 1970

Die Bohrreise 11 des Bohrschiffs „Glomar Challenger" begann am 8. April 1970 in Miami auf Florida und endete am 2. Juni in Hoboken, N. Y. An den Bohrpunkten 98 bis 108 wurden in Bohrtiefen von 1845 bis 5325 m 15 Bohrungen niedergebracht, die 76 bis 1015, insgesamt 6159 m, in den Meeresboden eindrangen. Von den gekernten Strecken von 1324 m Gesamtlänge wurden 635 m ausgebracht, Kerngewinn 48%. Das Ziel der im westlichen Atlantik nördlich der Großen Antillen niedergebrachten Bohrungen war einmal, die älteren Schichtenfolgen über der ozeanischen Kruste festzustellen und dadurch das Alter des Meeresbodens im westlichen Atlantik zu erkennen, zum anderen, die Prozesse zu ermitteln, die zur Sedimentanhäufung am Rande der Kontinente und der äußeren Erhebungen führen.

Die Bohrung 98 im nordöstlichen Teil des Providence-Kanals wurde zum Studium der Bahama-Bänke und der angrenzenden Kanäle und Buchten niedergebracht. Bis 357 m Tiefe wurden Schichtenfolgen vom Holozän bis zum unteren Campan angetroffen. Zusammen mit anderen Bohrungen ergibt sich, daß der Providence-Kanal durch das Wachstum von Riffwällen auf einer absinkenden Bahama-Plattform gebildet wurde. Pelagischer Karbonatschlick wurde zumindest seit dem Ende der Mittleren Kreide abgelagert.

Der Bohrpunkt 99 wurde im vermutlich ältesten Teil des westlichen Atlantischen Beckens gewählt, weil hier eine sehr dünne Sedimentdecke vorliegt. In einem 248 m tiefen Bohrloch wurden als älteste Sedimente rötliche und graugrüne Kalke sowie rote terrigene Tone mit Hämatit, Quarz und Glimmer des Oxford angetroffen. Darüber lagert weiße und hellgraue Kreide des Tithon; ferner wurden Sedimente des Pliozäns und Pleistozäns erkannt. Die Kalke weisen auf eine Ablagerung in einem seichten pelagischen Becken hin.

Der Bohrpunkt 100 wurde gewählt, weil geophysikalische Daten die Möglichkeit erkennen ließen, den Horizont B zu testen. Tatsächlich wurde in 315 m Teufe Basalt angetroffen. 4 m Basalt in scharfem Kontakt mit dem tiefsten Kalk zeigten in den obersten 1 bis 2 cm glasige Beschaffenheit und ließen in den zentralen Teilen glasige Trümchen und Gängchen mit kristallisiertem Kalzit erkennen. Am Bohrpunkt 101 wurden 691 m Tertiär, Unterkreide und Oberjura durchsunken. Zwischen 203 und 250 m liegt ein Hiatus zwischen dem Mittleren Miozän und der Unterkreide.

Die Bohrpunkte 102, 103 und 104 wurden auf der Blake-Bahama-Erhebung und deren SW- und NE-Flanken gewählt. Die Erhebungen des Außenrands sind aus Material aufgebaut, das aus nördlicher Richtung kam und durch Schwerkraftbewegung und Bodenströmungen geformt wurde. Die Akkumulationsraten liegen sehr hoch. Für das mittlere Miozän ergaben sich 19 cm/1000 Jahre, für das Obermiozän—Pliozän 9 cm/1000 Jahre und für das Pleistozän 14 cm/1000 Jahre.

Der Bohrpunkt 105 wurde am Nordende der Hatteras-Einebnung in 5251 m Tiefe gewählt. Bis 240 m wurden Schluffe, und darunter wurde eine Vielfalt von Sedimenten angetroffen, einschließlich Basalt, ferner Glas, gediegen Kupfer, Zinkblende, Rhodochrosit, Marmor, Kalkstein, kalkiger Ton, Zeolithlagen, hemipelagischer Kalkschlamm und Kalkschlick. In 280 m Teufe wechselt das Alter der Schichtenfolge innerhalb 50 m von Oligozän—Miozän auf Unterkreide. In den Bohrungen 99 und 101 wurde der gleiche Hiatus in ähnlicher Position beobachtet. Schwarze Tone der Unterkreide werden von Neokom-, Tithon-, Kimmeridge- und Oxford-Kalken unterlagert. Das nach unten toniger entwickelte Oxford ruht in 621 m Teufe auf Basalt, der die tonigen Gesteine kontaktmetamorph verändert hat. Aus der Berechnung des Alters der Erdkruste von 155 Mill. Jahren am Bohrpunkt 105 im Vergleich zum Bohrpunkt 9 der Bohrreise 2 von 120 Mill. Jahren ergibt sich eine Ausbreitung des Meeresbodens für das Spätmesozoikum von 2 bis 2,5 cm/Jahr. Daraus errechnen sich 175 bis 180 Mill. Jahre für die Bildungszeit des Atlantiks. Ein ähnlicher Wert ergab sich am Bohrpunkt 100.

Zu weiterer Erkundung des 70-Mill.-Jahre-Hiatus wurde noch am Bohrpunkt 106 eine 1015 m tiefe Bohrung niedergebracht. Bis zu 350 m Teufe wurden Schluffe und Feinsande des Plio-Pleistozäns und darunter zunehmend härtere Schluffsteine des Alttertiärs angetroffen. Zuletzt zeigten sich kieselige Schluffsteine des Oligozäns mit Siderit, die vermutlich dem seismischen Reflektor des 70-Mill.-Jahre-Hiatus entsprechen.

Die auf dem Kontinentalhang in 2571 bzw. 1845 m Tiefe angesetzten Bohrungen zeigten feste schluffige graue Tone des Pleistozäns (Brg. 107) und eozäne kieselige und kalkige Schlicke (Brg. 108). H. REH

Informationen

Direktive des XXIV. Parteitages der KPdSU zum Fünfjahrplan 1971–1975

Ökonomische Eckziffern der Siegeszuversicht und des planmäßigen Fortschritts

Auf dem XXIV. Parteitag beschlossen die Delegierten einstimmig die „Direktive des XXIV. Parteitages der KPdSU zum Fünfjahrplan für die Entwicklung der Volkswirtschaft der UdSSR in den Jahren 1971–1975". Der Abschnitt I bringt die Hauptereignisse der volkswirtschaftlichen Entwicklung des führenden Landes der sozialistischen Staatengemeinschaft für das 8. Planjahrfünft (1966–1970). Mit Genugtuung und Stolz konnte dort festgestellt werden, daß die hohen volkswirtschaftlichen Ziele, die der XXIII. Parteitag für die Jahre 1966 bis 1970 stellte, „hinsichtlich der wichtigsten ökonomischen und sozialen Kennziffern erfolgreich erfüllt worden sind".

Der Gesamtumfang der volkswirtschaftlichen Investitionen belief sich für die Jahre 1966–1970 auf die riesige Summe von 352 Mrd. Rubel. Es wurden allein in diesem 8. Planjahrfünft neue Kapazitäten für die Erzeugung von 54 Mill. kWh Elektroenergie, 18 Mill. t Stahl, 33 Mill. t Mineraldüngemittel und 17 Mill. t Zement der Volkswirtschaft des Landes übergeben. Welch gewaltiges ökonomisches Potential sich hinter solchen nüchternen Zahlen versteckt, kann zum Beispiel daran ermessen werden, daß allein in den 5 Jahren von 1966–1970 ein Zuwachs an Rohstahlkapazität von 18 Mill. t neu in Betrieb genommen wurde, eine Menge also, die etwa der gesamten Stahlproduktion der Sowjetunion aus dem Jahre 1937 entspricht (siehe auch Tab. 1).

Einen großen Aufschwung nahmen im Planjahrfünft 1966 bis 1970 die Wirtschaft und Kultur aller Sowjetrepubliken. „In allen Ostgebieten des Landes entwickelten sich die Kapazitäten der Brennstoffindustrie sowie mehrerer energieintensiver Produktionen in raschem Tempo. Stark zugenommen hat die Förderung von Erdöl und Erdgas in Westsibirien, Kasachstan, Turkmenien und Usbekistan. Die Wirtschaft des Fernen Ostens ist bedeutend erstarkt."

Der 8. Fünfjahrplan, von 1966 bis 1970, brachte die Sowjetunion ein großes Stück weiter auf dem Wege zum ersten und stärksten Industrieland der Welt. Der gegenwärtig noch mächtigste imperialistische Industriestaat, die USA, ist auf vielen wichtigen Sektoren der Bergbau- und Industrieproduktion bereits überholt.

Auf dem Gebiet der Zementproduktion wurden die USA bereits 1961 überholt, und die Sowjetunion steht hier heute an erster Stelle in der Welt. Auch in der Eisenerzproduktion hat die Sowjetunion die USA weit hinter sich gelassen und wird diese auch in der Stahlproduktion im Jahre 1971 überflügeln. Dasselbe wird auf dem Gebiet der Roheisenerzeugung und der Steinkohlenförderung der Fall sein.

Tab. 2. Wachstum des Realeinkommens je Kopf der Bevölkerung in der UdSSR für den Zeitraum des 8. Fünfjahrplans (1965–1970) (1965 = 100)

Jahr	Steigerung in % gegenüber 1965
1965	(= 100)
1966	6
1967	13
1968	20
1969	26
1970	33

Jeder mögliche Aggressor, der so wahnwitzig sein sollte, neue Kriegsabenteuer zu beginnen, möge bedenken, daß die Sowjetunion (um nur zwei Beispiele zu nennen) 1941 mit einer Stahlproduktion von ca. 19 Mill. t und einer Erdölförderung von ca. 40 Mill. t zum gewaltigen Abwehrkampf gegen die faschistischen Eindringlinge antrat, ihr aber Ende 1970 bereits eine Produktion von 350 Mill. t Erdöl und 116 Mill. t Stahl zur Verfügung stand.

Rückte die Sowjetunion bereits mit dem 1970 abgeschlossenen 8. Fünfjahrplan auf wichtigen volkswirtschaftlichen Gebieten an die erste Stelle in der Welt, so wird das durch die grandiosen Planziffern des 9. Fünfjahrplans (1971–1975) noch viel mehr der Fall sein. Die Erreichung der dort gesteckten hohen Planziele erhebt den Sowjetstaat zur stärksten Industriemacht der Welt. „Der neue Fünfjahrplan", so heißt es in den Direktiven, „wird eine wichtige Etappe des weiteren Vormarschs der Sowjetgesellschaft zum Kommunismus, der Schaffung seiner materiell-technischen Basis, der Festigung der Wirtschafts- und Verteidigungsmacht des Landes sein."

Wir bringen im folgenden einige der für unsere Leser wichtigsten Auszüge und Planvorhaben aus den Direktiven für die Jahre 1971–1975.

Große Bedeutung wird im Zuge der wissenschaftlich-technischen Revolution der Grundlagenforschung und der schnell praxiswirksamen angewandten Forschung gewidmet:

„Die Grundlagen- und angewandte Forschung sind auf jede Weise zu entwickeln, und ihre Ergebnisse sind schneller in die Volkswirtschaft einzuführen."

Im neuen Fünfjahrplan sind daher u. a. zu gewährleisten:

die Forschungen im Bereich der Geologie, der Geophysik

Tab. 1. Volkswirtschaftliche Eckziffern der UdSSR

Positionen	Recheneinheit	1937	1940	1945	1950	1960	1965	1970) (Ist)	9. Fünfjahrplan 1971–1975 (Soll)
Elektroenergie	Mrd. kWh	36,2			91,2	292,2	506,7	740	1030–1070
Erdöl	Mill. t	28,5			37,9	147,9	242,8	350	480–500
Erdgas	Mrd. m³						129,2		300–320
Steinkohle	Mill. t	109,9			185,2	375	427,8		685–695
Braunkohle	Mill. t				75,8	134,7	150		
Roheisen	Mill. t	14,5			19,2	46,8	70,2		
Rohstahl	Mill. t	17,7	18,3	12	27,3	65,3	91	116	142–150
Fertigwalzgut							61,6		101–105
Eisenerz	Mill. t	27,8			39,7	105,9	153,4		
Zement	Mill. t	5,5			10,2	45,5	72,4		99–125
Mineralische Dünger	Mill. t								72
Kalidünger	Mill. t K_2O	12,8 (1938)			42,8	76,6			90

und der Geochemie zur Ermittlung der Gesetzmäßigkeiten in der Standortverteilung der Mineralien zur Steigerung des Effekts der Methoden ihrer Prospektierung, Gewinnung und Aufbereitung;

der Ausbau der Forschungen im Bereich der Ozeanographie, der Atmosphärenphysik und der Geographie zwecks Lösung der Probleme einer umfassenderen und rationelleren Nutzung der natürlichen Hilfsquellen einschließlich derer der Meere und der Ozeane; Ausarbeitung der wissenschaftlichen Grundlagen des Schutzes und der Umgestaltung der Natur zwecks Verbesserung der natürlichen Umwelt des Menschen und besserer Nutzung der natürlichen Hilfsquellen.

Der Effektivität der geologischen Erkundung, der bedeutenden Erhöhung der Bergbau- und Industrieproduktion wird die größte Bedeutung beigemessen.

Auf den wichtigsten Gebieten heißt es dazu:

In der Erdöl- und Gasindustrie ist die Förderung 1975 bei Erdöl auf 480 bis 500 Mill. t und bei Erdgas auf 300 bis 320 Mrd. m^3 zu steigern. Der Anteil von Erdöl und Erdgas in der gesamten Brennstoffbilanz ist 1975 mindestens auf 67 Prozent zu erhöhen. Die Inbetriebnahme neuer hochproduktiver Erdöl- und Erdgasvorkommen ist zu beschleunigen und die Erdöl- und Erdgasgewinnung in den alten kultivierten Gegenden weiter auszubauen.

Bis Ende des Planjahrfünfts soll die Erdölförderung unter Anwendung von Methoden der künstlichen Einwirkung auf die Schicht mindestens 75 Prozent der gesamten Förderung ausmachen. Der Bestand von Erdöl- und Einpreßbohrungen mit gleichzeitiger Ausbeutung mehrerer Horizonte ist etwa zu verdoppeln. Es ist eine komplexe Automatisierung von 120 Erdöl- und 20 Erdgasfeldern zu gewährleisten. Die Effektivität der Nutzung des Bestands an Bohrungen ist durch eine bedeutende Verkürzung ihrer Inbetriebnahme durch vollkommenere Fördermethoden sowie durch größere Lebensdauer der Ausrüstungen zu erhöhen.

Die technisch-ökonomischen Kennziffern der Bohrarbeiten sind erheblich zu verbessern. Die Bohrkosten sind bei den Förderbohrungen um etwa 15 Prozent und bei den Erkundungsbohrungen um 25 Prozent zu senken. Die Einführung des Bohrverfahrens, das volle Kontrolle der Bohrkennwerte auf der Sohle des Bohrlochs ermöglicht, ist zu beschleunigen.

Die Nutzung des Ölgases ist auf 80 bis 85 Prozent der anfallenden Menge zu bringen, die Kapazitäten zur komplexen Verarbeitung des Öl- und Erdgases sind bedeutend auszubauen, und die Produktion von flüssigen Gasen, Benzin, Helium und Schwefel ist zu erweitern.

Die Untergrundspeicher in der Nähe von Industriezentren sind bedeutend auszubauen.

Die Arbeitsproduktivität in der Erdölförderung ist auf das 1,4fache und in der Gasindustrie auf das 1,3fache zu steigern.

Im Kohlenbergbau ist die Förderung 1975 auf 685 bis 695 Mill. t zu bringen. Die technische Umrüstung der Betriebe auf der Grundlage der Vollmechanisierung und Automatisierung der Produktionsprozesse sowie der Übergang zum Abbau von Flözen mit geringer Mächtigkeit in den Kohlengruben sind im großen und ganzen abzuschließen und der Anteil der Kohlegewinnung aus den flacheinfallenden und schwebenden Flözen unter Anwendung von Abbaukomplexen und mechanisiertem Ausbau auf mindestens 60 Prozent der Gesamtgewinnung zu erhöhen.

Im Planjahrfünft ist eine Steigerung der Torfgewinnung um 35—38 Prozent zu gewährleisten und die Produktion von Briketts und Halbbriketts aus Torf wesentlich auszubauen.

1975 ist die Stahlerzeugung auf 142—150 Mill. t zu bringen. Der Ausstoß von wirtschaftlichen Walzgutarten, in erster Linie von Walzblech, Kaltwalzblech, gebogenen sowie Formprofilen, Präzisionsprofilen und Walzgut aus Qualitäts- und Legierungsstahl, Rohren und Kleineisenzeug ist zu erhöhen. Die Produktion von kaltgewalztem Dynamostahl ist in die Wege zu leiten, und die Qualität des Transformatorenstahls ist wesentlich zu verbessern.

Die Arbeiten zur geologischen Erforschung des Erdinnern und zur Erkundung von mineralischen Rohstoffressourcen, vor allem im Wirkungsbereich der bestehenden Bergbaubetriebe, aber auch in den Gegenden, die mit größter Wirtschaftlichkeit industriell erschlossen werden können, sind auszudehnen. Die Erkundung auf Erdöl und Erdgas, insbesondere im europäischen Teil unseres Landes, auf Koks und Energiekohle, hochwertige Bauxite, wichtigste Nichteisen-, seltene und Edelmetalle, Diamanten, Rohstoffe für Mineraldüngerproduktion, die Ergründung der unterirdischen Wässer sowie die Such- und Schürfarbeiten zur Ermittlung reicher Eisenerzvorkommen in Sibirien und im Ural sind zu verstärken.

Es sind Such- und Schürfarbeiten in den Küstenschelfen der Meere und Ozeane zu entfalten mit dem Ziel, aussichtsreiche Erdöl- und Erdgasvorkommen auf dem Meeresgrund ausfindig zu machen. Die Erkundung der Seifen von Gold, Zinn und anderen Erzmineralien im Küstengebiet ist zu erweitern. Der ökonomische Nutzeffekt der geologischen Erkundungsarbeiten muß erhöht werden. F. HESS

Tab. 3. Im 8. Fünfjahrplan (1966—1970) in der Sowjetunion der Volkswirtschaft neu übergebene Kapazitäten

Positionen	Maßeinheit	8. Fünfjahrplan 1966—1970 (Ist)
1. Gesamtumfang der volkswirtschaftlichen Investitionen	Mrd. Rubel	352
2. Inbetriebnahme neuer Kapazitäten für:		
Elektroenergie	Mill. kWh	54
Stahlerzeugung	Mill. t	18
Mineraldünger	Mill. t	33
Zement	Mill. t	17
Verlängerung der Hauptgasleitungen um	km	25000
Zuwachs des Nationaleinkommens 1970 gegenüber 1965	in %	41
Steigerung der Bruttoproduktion der Landwirtschaft 1970 gegenüber 1965	in %	21

Kurznachrichten

Das wichtigste Ergebnis für die Entwicklung der **Bergwirtschaft** von **Ekuador** war die Entdeckung ausgedehnter Erdöllager im Nordosten des Landes. Hier sind ab 1967 bis heute 15 fündige Bohrungen abgeteuft worden. Sie können eine Tagesproduktion von 23000 B bringen.

An der Nordküste **Sumatras** ist eine neue ergiebige **Erdöl-Erdgas-Lagerstätte** entdeckt worden. Drei Speicherhorizonte zwischen 2700 und ca. 3000 m Teufe ergaben ein leichtes Erdöl mit wenig Schwefel. Die Tagesproduktion mit 5500 B pro Tag lief Anfang 1971 an.

Auf 143 Mill. t veranschlagen **EWG**-Experten die **Kohlenförderung** der Gemeinschaft im Jahre 1975. Gegenüber 1969 wäre das ein Rückgang um 34 Mill. t oder um 20%. Nach 1975 soll die EWG-Förderung weiter rückläufig sein.

Nach neuesten Feststellungen verfügt die **nordspanische** Provinz Teruel über **Braunkohlenvorräte** mit 450 Mill. t. Insgesamt sollen auf der Iberischen Halbinsel Braunkohlenvorräte in Höhe von 740 Mill. t vorhanden sein.

In **Kiew** hat eine Anlage zur Gewinnung von reinem **Wismut** den Probelauf erfolgreich bestanden. Es kann dort ein Metall mit einer Reinheit von 99,999% gewonnen werden.

Die **Goldproduktion** der **Welt** wird derzeit auf 1650 t/a geschätzt. Hauptproduzenten sind Südafrika und die UdSSR. Ihnen folgen die USA und Kanada mit 93 bzw. 46 t/a. Die abbauwürdigen Goldvorräte der Welt werden auf 31000 t geschätzt.

1969 wurden in **Tunesien** 3,6 Mill. t **Phosphate** abgebaut. 1970 kam die Produktion an 4,5 Mill. t heran. Für 1972 wird eine Steigerung auf 5,05 Mill. t und 1976 auf 8,05 Mill. t erwartet.

Bei Alma-Ata, in **Kasachstan**, wurde eine **Warmwasserlagerstätte** erbohrt, bei deren Ausnutzung in Zukunft die Beheizung der ganzen Stadt betrieben werden soll. Das Wasser hat bei 1700 m Teufe eine Temperatur von 70°C, in 3000 m Teufe mehr als 100°C.

Herausgeber: Zentrales Geologisches Institut im Auftrag des Staatssekretariats für Geologie beim Ministerrat der Deutschen Demokratischen Republik. Für die kollektive Chefredaktion: Dr. K. Kauter (Redaktionssekretär), Berlin. Redaktion: 1054 Berlin, Zionskirchstraße 34 (Fernsprecher 426001). Verlag: Akademie-Verlag GmbH, 108 Berlin, Leipziger Straße 3–4 (Fernsprecher 220441, Telex 0112020, Postscheckkonto: Berlin 35021). Bestellnummer des Heftes 1047/17/8. Alleinige Anzeigenannahme DEWAG-WERBUNG, 102 Berlin, Rosenthaler Str. 28–31, und alle DEWAG-Betriebe in den Bezirksstädten der DDR. Exportpreis: 6,— M, Sonderpreis für die DDR: 2,— M je Heft. — Satz und Druck: VEB Druckhaus „Maxim Gorki", 74 Altenburg. Veröffentlicht unter der Lizenznummer 1279 des Presseamtes beim Vorsitzenden des Ministerrates der Deutschen Demokratischen Republik.

Bei Fragen zur Produktsicherheit wenden Sie sich bitte an:
If you have any questions regarding product safety,
please contact:

Walter de Gruyter GmbH
Genthiner Straße 13
10785 Berlin
productsafety@degruyterbrill.com